SILKE HARTMANN

Die Superkräfte der Vögel

Den Riesenalken, in der Hoffnung,
dass ihre Ausrottung uns eine Warnung ist.

SILKE
HARTMANN

MIT ILLUSTRATIONEN
VON VÉRO MISCHITZ

Die Superkräfte der Vögel

DIE @VOGEL-
GUCKERIN
ERZÄHLT, WAS
VÖGEL SO
BESONDERS
MACHT

KOSMOS

Welches Thema dich auch begeistert – auf unsere Expertise kannst du dich verlassen. Und das schon seit über 200 Jahren.

Unser Anspruch ist es, dich mit wertvollem Rat zu begleiten, dich zu inspirieren und deinen Horizont zu erweitern.

BEGEISTERUNG DURCH KOMPETENZ

Unsere Autorinnen und Autoren vereinen professionelles Know-how mit großer Leidenschaft für ihre Themen.

WISSEN, DAS DICH WEITERBRINGT

Leicht verständlich, lebensnah und informativ für dich auf den Punkt gebracht.

SACHVERSTAND, DEN MAN SEHEN KANN

Mit aussagestarken Fotos, Zeichnungen und Grafiken werden Inhalte besonders anschaulich aufbereitet.

QUALITÄT FÜR HEUTE UND MORGEN

Dafür sorgen langlebige Verarbeitung und ressourcenschonende Produktion.

Du hast noch Fragen oder Anregungen?
Dann schreibe uns: kosmos.de/servicecenter

Inhalt

Superkraft
#1
Verzaubern

Mit offenem Mund stand ich da. Minutenlang. Wie in einem Comic. Als ich das endlich bemerkte, versuchte ich, meinen Mund zu schließen. Meine Gesichtsmuskeln setzten diesen Befehl nur zögerlich um.

KURZ DANACH STAND MEIN MUND WIEDER OFFEN und ich merkte, dass mir der Atem stockte. Nach meinen weit geöffneten Augen und meinem klopfenden Herzen zu urteilen, war es nicht das erste Mal. Kurz fiel mir auf, wie uncool ich wohl aussehen musste, aber das war egal. Ich stand ganz allein an einer großen Lichtung mitten im Wald. Die Dämmerung hatte eingesetzt, um mich herum lag eine zentimeterdicke Schneedecke. So richtig allein war ich allerdings nicht: Direkt über den Wipfeln der Bäume zogen zwei Mäusebussarde ihre Kreise, ein Habicht saß unweit von mir auf einem Ast und einen Merlin hatte ich auch schon registriert. Doch die Greifvögel interessierten mich ausnahmsweise nur am Rande. Und sie interessierten sich nicht für mich. Unser aller Aufmerksamkeit galt den zweieinhalb Millionen BERGFINKEN um uns. Sie waren überall und ich stand mitten im Schwarm.

Was für eine Show

Genau das hatte ich vermeiden wollen. Ich war mehrere Hundert Meter entfernt von dem Schlafplatz, an dem sie sich seit einigen Tagen abends nach ihren Streifzügen durch die umliegenden Wälder einfanden. Eigentlich hatte ich nur von Ferne ihren Einflug beobachten wollen, um sie nicht zu stören. Die Bergfinken hielten sich allerdings nicht an mein Abstandskonzept: Statt irgendwo da drüben, wie ich das erwartet hatte, sammelten sie sich in meiner Nähe und vollführten ihre Flugshow direkt vor mir. Nur für mich.

Dicht an dicht saßen die Bergfinken wie Blätter in den Bäumen.

Zweieinhalb Millionen Bergfinken wirbelten in dichten Wolken direkt vor mir.

Es war Mitte Januar in der Nähe eines südniedersächsischen Dorfes am Rand des Sollings. Bis vor wenigen Minuten hatte ich mich gedanklich in einem wissenschaftlichen Fachartikel befunden, den ich für dieses Buch gelesen hatte und noch nicht richtig einordnen konnte. Überhaupt steckte ich gedanklich grade sehr tief in Zahlen, Daten, Fakten aus Forschungen, über die ich gerne staune, keine Frage! Aber nur wegen solcher Begegnungen mit echten Vögeln in der Natur gibt es dieses Buch.

Vögel sind supercool

Vögel begeistern mich und ich liebe es zu staunen. Diese Begeisterung will ich teilen, um andere damit anzustecken. Es ist die beste Möglichkeit, die mir einfällt, um Vögel sichtbarer zu machen und um ihnen beim Überleben zu helfen. Am leichtesten geht das, wenn ich zeige, warum sie so supercool sind. Vögel leben im Alltag so nah um uns wie kaum ein anderes Tier, und doch sind sie häufig nicht mehr als ein Hintergrundrauschen in unserem Alltag. Sie fallen vielen Menschen erst auf, wenn sie mitten in der Nacht von ihrem Geträller geweckt werden, sie ihnen das Auto und die Gartenstühle vollkleckern oder gegen die Wohnzimmerscheibe knallen. Zugegeben: Das wirkt auf den ersten Blick nicht sehr cool.

Auch in unserer Alltagssprache hat sich ein abfälliges Bild von Vögeln verankert: Bei uns piept es, wenn wir eine Meise oder allgemein einen Vogel haben, jemand ist eine dumme Pute, lahme Ente oder blöde Gans mit einem Spatzenhirn. Wir lassen den Pleitegeier kreisen, klauen wie die Raben oder wie die diebischen Elstern. Wir attestieren uns gegenseitig wahlweise Rabeneltern, ein Dreckspatz, ein Schmierfink oder ein Schluckspecht zu sein. Am Ende schicken wir sogar gerne mal den Kuckuck vor, wenn wir uns nicht trauen, Teufel und Hölle ins Spiel zu bringen: Was zum ...?!

Das alles klingt wenig schmeichelhaft, und doch bin ich fest davon überzeugt: All das ist nur Tarnung. Hinter der Fassade der

„Vögel begeistern mich und ich liebe es zu staunen. Um andere mit meiner Begeisterung anzustecken, zeige ich, warum Vögel so supercool sind.“

scheinbar leicht verpeilten, nervös flatternden Tierchen verbergen sich Wesen mit Superkräften.

Superviele Superkräfte

Schon auf den zweiten Blick offenbaren Vögel ihre genialen Eigenschaften: Sie sind sehr intelligent, leben in komplexen sozialen Verbänden, navigieren zielsicher über Tausende Kilometer und können fliegen (hallo???)! Mit ihren Superkräften haben sie sich dem großen Dinosauriersterben widersetzt und sich auf allen Kontinenten ausgebreitet. Sie haben sich das Land, die Luft und das Wasser als Lebensräume erobert. Sie bewohnen karge Wüsten, überfliegen die höchsten Berge, trotzen der Kälte und tauchen Hunderte Meter hinab in die Tiefen der Ozeane.

Hinter der Fassade der flatternden Tierchen verbergen sich Wesen mit Superkräften.

Menschliche Superheld:innen sind besonders groß, besonders klein, besonders schön, besonders hässlich, besonders klug oder zur Tarnung besonders durchschnittlich – in jedem Fall haben sie aber eine Spezialfähigkeit, die sie von anderen absetzt. Vögel sind all das und noch viel mehr. Vor allem haben sie aber besondere Fähigkeiten, die wir nicht haben. Und selbst bei den Fähigkeiten, die wir scheinbar mit ihnen teilen, lohnt sich genaueres Hinsehen.

Wir neigen dazu, das Alltägliche normal zu finden und nur das Seltene, das Außergewöhnliche wertzuschätzen. Das gilt viel zu oft sogar unter Vogelbegeisterten auch für Vögel. Tauben und Spatzen? Nerven! Amseln oder Kohlmeisen? Laaaaangweilig. Aber Bienenfresser und Eisvögel? Yeah, mega! Und Rebhühner und Kiebitze? Tja, die waren auch lange langweilig, jetzt plötzlich sind sie eine Rarität und somit wieder interessant geworden.

Ich begeistere mich nicht nur für die seltenen, besonders bunten Vögel irgendwo in der Ferne, sondern auch für die Normalos bei uns im Garten. Für mich ist jeder Vogel ein Grund zum Freuen. Erstens natürlich, weil Vögel realgewordene Wunderwesen sind, über die ich mich einfach freuen muss. Zweitens aber auch, weil sie insgesamt immer seltener werden. Das liegt vor allem daran, dass wir ihnen das Leben schwer machen.

Wissenschaft, Baby!

Bergfinken werden in diesem Buch nur noch am Rande vorkommen. Das liegt zum einen daran, dass sich die Auswahl der Arten am Stand der Forschung und unserer Erkenntnisse orientiert. Manche Vogelarten sind besonders populär bei Forschenden, weil es hier schon Grundlagenwissen gibt oder das besondere Verhalten einer Art sie für eine Superkraft verdächtig gemacht hat. Dass die BERGFINKEN (oder andere Vögel, die jeweils unerwähnt bleiben) nicht in den Abschnitten über die fünf Sinne oder beim Thema Intelligenz vorkommen, heißt nicht, dass sie nicht klug wären oder über keine außergewöhnliche Sinnesleistungen verfügen. Sie sind dafür einfach noch nicht in den Fokus der Wissenschaft geraten.

Überhaupt ist es eine spannende Zeit in der Vogelforschung. Die moderne Technik eröffnet uns so viele neue Möglichkeiten, Vögel besser zu verstehen – oder zumindest zu verstehen, was sie wie machen. Sie ermöglicht es Forschenden, Vögel in der Natur zu beobachten, ohne sie großartig zu stören, zu verwechseln oder sonst wie aus den Augen zu verlieren. Mit winzigen Geräten folgen wir den Vögeln hoch in die Lüfte und über Kontinente hinweg. Wir messen, zählen, treten in Interaktion mit ihnen und verstehen immer besser, warum und wie wir sie dringend noch viel besser schützen müssen.

Seit langem weiß ich: Wenn man anfängt, Vögel wahrzunehmen, schaltet das ein neues Realitätslevel frei. Aber beim Schreiben dieses Buches habe ich gemerkt: Wenn ich versuche, zu verstehen, wie Vögel die Welt sehen, öffnet das nochmal eine ganz neue, noch viel größere Welt direkt um uns, die wir so nicht wahrnehmen können. Die Vögel hingegen schon.

Wissenschaft hilft uns, unsere Welt ein bisschen verstehen zu lernen. Dieses Buch ist also auch eine Liebeserklärung an die Wissenschaft, weil sie mir mit ihren Erkenntnissen immer wieder hilft, noch mehr über Vögel zu staunen. Wobei es „die Wissenschaft" gar nicht gibt. Es gibt viele Forschende, die auf Basis von wissenschaft-

Seit langem weiß ich: Wenn man anfängt, Vögel wahrzunehmen, schaltet das ein neues Realitätslevel frei.

„Wir wissen schon viel, aber es gibt so viel, was wir noch nicht verstehen, und nach dem wir noch nicht einmal fragen können.“

lichen Methoden neue spannende Erkenntnisse über die Welt erlangen und diese mit uns teilen. Wissenschaft ist immer im Fluss und kein feststehendes Glaubenskonzept. Sie baut auf vorhandenem Wissen und Theorien auf, verändert sich mit neuen Erkenntnissen, die wir Puzzlestück für Puzzlestück in ein Gesamtverständnis der Welt einfügen. Das wächst immer weiter und verändert sich stetig. Wenn wir unsere Vorstellung von dem, was wahr ist, anpassen an neue Erkenntnisse, ist das wissenschaftlicher Fortschritt. Wahrheit ist stets nur das, was wir aufgrund der aktuellen Beweislage für wahr halten. Auf dieser Grundlage beschreiben und interpretieren wir das, was wir sehen – oder zu sehen glauben. Fragen bestimmen die Antworten, die wir erhalten. Wenn wir nach der Uhrzeit fragen, werden wir nichts über das Wetter erfahren – es sei denn, der Regentropfen fällt grade genau auf die Armbanduhr (oder das Handy). Das gilt auch für die Wissenschaft.

Flitzende kleine Teichhuhnküken wuseln sich mitten in jedes Herz.

Ich war überrascht, wie oft ich im Laufe der Recherchen für dieses Buch an den Punkt kam, an dem Forschende mir sagten, dass sie etwas noch nicht genau wissen. Aber so ist das wohl: Je mehr wir wissen, desto mehr neue Fragen ergeben sich. Das mag auf den ersten Blick frustrierend wirken. Aber ich finde diese Wissenslücken aufregend, weil sie so viele neue Möglichkeiten eröffnen. Es bleibt spannend. Und auch ein bisschen geheimnisvoll.

Held:innen vor unserer Haustür

Bei der Auswahl der Beispiele konzentriere ich mich hauptsächlich auf Vogelarten, die hier bei uns bekannt oder zumindest verbreitet sind. Mir ist wichtig, dass die gefiederten Protagonist:innen dieses Buches die Vögel sind, die direkt vor unserer Nase leben, wir genau diesen Superheld:innen in der Natur begegnen können. Faszinierende Erkenntnisse über Vögel in fernen Ländern haben Platz gemacht für die mindestens genauso coolen Superkräfte unserer heimischen Vogelarten. Mein Ziel – oder besser: meine Hoffnung – ist es, dass wir Vögel mit anderen Augen sehen und sich der Blick auf die Welt um uns weitet. Dies ist eine Reise in meine Welt des Staunens.

Außer bei meinen persönlichen Anekdoten stütze ich mich dafür nicht auf individuelle Erfahrungen, sondern auf wissenschaftliche Erkenntnisse. Mit diesem Buch gebe ich einen kleinen, unterhaltsamen Einblick, aber keinen vollständigen Gesamtüberblick der aktuellen Forschungslage. Fachmenschen mögen mir verzeihen, dass ich Zusammenhänge vereinfacht darstelle und Details ausgelassen habe. Damit der leichte Charakter dieses Buches erhalten bleibt, habe ich auf direkte wissenschaftliche Zitate und Quellenangaben verzichtet.

So. Bereit? Dann lasst uns abheben in die Wunderwelt der Vögel und ihrer Superkräfte.

Superkraft #2

Fliegen

Die wohl offensichtlichste Superkraft der Vögel ist das Fliegen. Und wenn wir mal ehrlich sind, beneiden wir Vögel heimlich um diese Fähigkeit: abheben, alles hinter sich lassen, frei über Grenzen hinwegsegeln.

ERSTAUNLICHERWEISE NEHMEN WIR DAS FLIEGEN trotzdem viel zu oft als selbstverständlich hin und staunen gar nicht über diese verblüffende Leistung, mit der Vögel der Schwerkraft trotzen.

Dabei ist der Traum vom Fliegen bestimmt so alt wie die Menschheit selbst. Schon die alten Griechen erzählten sich von Daidalos, der für sich und seinen Sohn Ikarus Flügel aus Federn und Wachs baute. Die funktionierten prächtig. Ikarus wurde nur ein bisschen übermütig: Er flog zu nah an die Sonne, das Wachs schmolz und er stürzte ab. Seitdem haben noch zahllose menschliche Superheld:innen ihren gefiederten Vorbildern nachgeeifert und sind in Geschichten abgehoben: Superwoman und Superman, Mary Poppins, Peter Pan, Neo und Trinity. Die meisten von ihnen haben dafür allerdings keine Flügel zur Verfügung. Und ich finde: Ohne Flügel fehlt ihnen das Coolste.

Nach der Katastrophe mit Daidalos und Ikarus und auch rein praktisch betrachtet ist dies jedoch verständlich: Einer wissenschaftlichen Berechnung zufolge müssten menschliche Superheld:innen eine zwei Meter dicke Brust haben, um ihre Flugmuskulatur unterzubringen, wollten sie tatsächlich ihr eigenes Gewicht mit Flügeln in die Luft heben. Gut, dass diese Berechnung zumindest Engel nicht zu irritieren scheint.

Zwei Meter dicke Brustmuskeln bräuchten wir zum Fliegen!

Gewichtsoptimiert

Ganz anders verhält es sich bei den Vögeln: Ihr gesamter Körperbau wurde seit Jahrtausenden für den Flug optimiert. Zwar erledigt auch bei Vögeln die Flugmuskulatur im Brustraum die hauptsächliche Flugarbeit, die muss jedoch nicht ganz so groß sein, wie das bei uns der Fall wäre. Die oberste Priorität bei der Evolution der Vögel war es, Gewicht einzusparen. Ihre Knochen sind leicht und im Rumpf mit den Gelenken verwachsen. Dadurch sparen sie an diesen Stellen Sehnen und Muskeln und ermöglichen eine starre, jedoch sehr leichte Struktur. Auch bei den Organen wurde Gewicht eingespart. Vogelweibchen haben nur einen Eierstock. Die Zähne wurden gleich ganz wegrationalisiert und durch einen Muskelmagen ersetzt, der zwar sehr schwer ist, jedoch wegen seiner Lage am Körperschwerpunkt den Flug stabilisiert.

Selbst ihre äußeren Geschlechtsorgane bilden Vögel am Ende der Brutzeit zurück und sparen dadurch Gewicht ein. So schrumpfen die Hoden der HAUSSPERLINGE von Bohnengröße auf stecknadelkopfklein, sobald sie nicht mehr gebraucht werden.

Im Umkehrschluss führt das dazu, dass bei einigen Vogelarten während der Brutzeit der Flug stark beeinträchtigt ist. Beispielsweise nehmen SPERBERWEIBCHEN durch das Wachstum ihres Eierstocks und durch Fetteinlagerungen 13 Prozent Körpergewicht zu. Sie verlieren ihre Windschnittigkeit und Jagen wird für sie immer schwerer, je näher die Eiablage kommt. Während sie brüten und auch wenn die Jungen schon da sind, werden sie von den Männchen mitversorgt. Und weil es grade so gut passt, nutzen sie diese Zeit gleich auch noch, um zu mausern.

Abheben

Obwohl ein Vogel Tausende Federn hat, so sind doch nur einige wenige für das Fliegen zuständig: die Schwungfedern und die

Schwanzfedern. Mit diesen steuert ein Vogel seinen Flug. Und genau mit diesen Federn haben wir lange versucht, uns das Geheimnis des Fliegens zu erklären. Nach vielen gescheiterten Versuchen mit gefiederten Flugapparaten kamen die Forschenden dahinter, dass es nicht die Federn an sich sind, die den Flug ermöglichen, sondern eher die Flügel.

Flügel sind aerodynamische Wunderwerke.

Wenn ein Vogel mit seinen Flügeln schlägt, sieht es so aus, als rudere er sich damit quasi durch die Luft und drücke sich vorwärts. Er sorgt so allerdings nur dafür, dass Luft um den Flügel herumströmt. Flügel sind nach oben gewölbt, ähnlich wie ein Flugzeugflügel. Wenn im Flug Luft um den Flügel strömt, ist der Weg oben über den Flügel für die Luft länger und ihr Druck lässt dort nach. Dadurch entsteht von unten Auftrieb. Dieses Prinzip nutzen Flugzeuge durch ihren maschinellen Vorwärtsschub, ohne mit den Flügeln schlagen zu müssen. So wird ebenfalls Luft um den Flügel herumgeleitet und Auftrieb erzeugt.

Beim Vergleich mit einem Flugzeug kann man noch eine andere Herausforderung des Fliegens erahnen. Auch wenn es uns so leicht erscheint, wie sich Vögel in die Lüfte erheben und scheinbar mühelos davonfliegen, so ist es doch Schwerstarbeit. Auch ein Flugzeug hebt ja nicht einfach vom Wind getragen in die Luft ab, sondern hat dabei einen sehr hohen Energieverbrauch. Fliegen kostet auch Vögel viel Energie.

Das hat zur Folge, dass kein Vogel fliegt, wenn er nicht muss. Die drei Hauptgründe für Vögel, um in die Luft abzuheben, sind Nahrungsbeschaffung, Fortpflanzung und Gefahr. Ein durchschnittliches ROTKEHLCHEN verbringt nur etwa eine halbe Stunde pro Tag im Flug und bewegt sich so oft wie möglich hüpfend fort. Die kurzen Flüge, die es unternimmt, bestehen fast nur aus Start und Landung und verbrauchen daher viel Energie.

Schwergewicht

Es gibt aber auch Vögel, denen fällt der Flug besonders schwer. Unsere HÖCKERSCHWÄNE gehören mit zu den schwersten flugfähigen Vögeln weltweit. Sie wiegen so um die zehn bis 14 Kilo und haben eine Flügelspannweite von zwei, zweieinhalb Metern. Damit fliegen sie haarscharf an der aerodynamischen Obergrenze des Möglichen entlang.

Beim Start zählt für Höckerschwäne jedes Gramm. Deshalb nehmen sie über den Tag verteilt häufige, aber kleine Mahlzeiten zu sich. So halten sie sowohl ihr Gewicht als auch ihr Energielevel möglichst konstant, um jederzeit abheben zu können. Es wäre äußerst ungünstig, wenn sie von einem üppigen Mittagessen am Boden gehalten würden, falls mal wieder Gefahr droht. Zwar fliegen sie viel energieeffizienter als kleinere Vögel, durch ihr hohes Grundgewicht haben sie jedoch nur wenige Energiereserven.

Wenn Höckerschwäne elegant und weiß leuchtend auf einem stillen See dahinschwimmen, verstehe ich gut, warum sie ihren Weg in so viele Märchen und Geschichten gefunden haben. Aber spätestens, wenn ich dabei zusehe, wie sie ihre vielen Kilo beim Starten in die Luft bewegen, bröckelt dieses Bild von Eleganz und Anmut etwas.

Der Luftkisseneffekt

Indem die Schwäne sich beim Abheben dicht über der Wasseroberfläche halten, staucht sich die Luft zwischen ihren Flügeln und dem Wasser. Dadurch entsteht Auftrieb, der dafür sorgt, dass sie auch in der Luft bleiben, bevor sie die eigentlich benötigte Fluggeschwindigkeit erreicht haben.

Flügelschlagend laufen Höckerschwäne über die Wasseroberfläche, um zu beschleunigen.

Flügelschlagend erheben sie sich aus dem Wasser und laufen über die Wasseroberfläche, um zu beschleunigen. Mit dem Wasserplantschen und dem Flügelschlagen ist das auch akustisch ein ziemliches Spektakel. Nach gut 25 Metern heben sie langsam, fast trotzig ab und halten sich noch einige Meter dicht über der Wasseroberfläche. Dort nutzen sie den Luftkisseneffekt schon lange, bevor wir Menschen ihn entdeckten und für uns zunutze machten. Indem die Schwäne sich beim Abheben dicht über der Wasseroberfläche halten, staucht sich die Luft zwischen ihren Flügeln und dem Wasser. Dadurch entsteht Auftrieb, der dafür sorgt, dass sie auch in der Luft bleiben, bevor sie die eigentlich benötigte Fluggeschwindigkeit erreicht haben.

Der Luftkisseneffekt hilft ihnen dabei, ihre Geschwindigkeit weiter zu erhöhen und gleichzeitig Energie zu sparen. Wenn sie dann den Einzugsbereich des Luftkisseneffekts verlassen und höher steigen, haben sie genug Geschwindigkeit, um selbst den nötigen Auftrieb zu erzeugen, der sie in der Luft hält. Sie brauchen aber trotzdem noch einmal gut 50 Meter, um eine Flughöhe von fünf Metern zu erreichen. Ein echter Kraftakt!

Höckerschwäne benötigen also eine freie Fläche von ungefähr 100 Metern, um sich in die Luft zu erheben. Das muss nicht zwingend Wasser sein. Um abzuheben, laufen sie auch mal über eine Wiese, einen Acker oder einen zugefrorenen See. Sie sind da flexibel. Aber die lange Anlaufphase kann zu einem Problem werden, wenn ein Schwan einmal notlanden muss oder sich ein Jungschwan etwas verschätzt und ein Gewässer oder gar einen Garten mit einer zu kurzen Startbahn für seine Erkundungen wählt. Im besten Fall hat er dann einen langen Fußmarsch vor sich.

Im Anlauf wirken Höckerschwäne durch ihr hektisches Flügelschlagen sehr angestrengt. Sind sie aber erst einmal in der Luft, ist ihr Flügelschlag langsam, kraftvoll und sie finden zu alter Eleganz zurück. Trotzdem kann ich mich des Eindrucks nicht erwehren, dass ihr Flug etwas schwerfällig ist. Dazu trägt auch das laute Geräusch ihrer Flügel bei, das an das Geräusch von Windkrafträdern erinnert (oder erinnern die Windkrafträder an den Schwanenflug? Na, egal!).

Durch ihr enormes Gewicht sind Schwäne auch im Flug nicht sehr manövrierfähig. Das führt dazu, dass sie häufig mit Stromleitungen kollidieren, da sie nicht kurzfristig zusätzlich an Höhe gewinnen können wie andere Vögel.

Bei der Landung immerhin hat es der Höckerschwan leichter: Da er meistens im Wasser landet, muss er seine Geschwindigkeit nicht so stark reduzieren wie andere Vögel. Stattdessen nutzt er seine Füße beim Aufsetzen als Bremse und gleitet dann sanft, aber geräuschvoll im Wasser aus.

Beim Start zeigen Höckerschwäne eindrucksvoll, wie schwer es ist, vom Boden aus in den Flug zu starten. Damit liefern sie ein anschauliches Beispiel für einen alten, noch immer nicht abschließend geklärten Streit in der Evolutionsbiologie: Begannen die ersten Vögel ihre Flugkarriere vom Boden aus oder ließen sie sich von Bäumen herabgleiten?

Rekordhalterin

Halten wir fest: Fliegen ist ein Kraftakt. Gut, zugegeben: nicht für alle Vögel ein so großer wie für den Schwan. Es geht jedoch stets um das optimale Verhältnis von Kraft zu Gewicht. Je schwerer Vögel sind, desto mehr Energie benötigen sie fürs Fliegen und desto kleiner ist der Toleranzbereich für zusätzliches Gewicht. Das gilt natürlich auch für die Fettreserven, die sich Vögel vor ihrem Zug anfressen. Kleine Vögel können dann zwar im Verhältnis viel mehr Gewicht zulegen als große und trotzdem noch abheben; sie haben aber im Flug auch einen höheren Grundumsatz als große Vögel, sodass sich dieser Vorteil auf der Langstrecke relativiert. Das optimale Verhältnis von Fettreserve zu Treibstoffverbrauch haben mittelgroße Vögel. Es ist daher kein Wunder, dass sie die meisten Langstreckenrekorde aufstellen.

Die PFUHLSCHNEPFE ist eine dieser Rekordfliegerinnen. Sie brütet in Skandinavien und Sibirien. Die skandinavischen Schnepfen stellen allerdings keine Langstreckenrekorde auf. Sie überwintern in der Regel bei uns im Wattenmeer. Aber die sibirischen Pfuhlschnepfen sind nur auf der Durchreise bei uns. Nach einem kurzen Futterstopp ziehen sie weiter bis an die Westküste Afrikas. Dabei legen sie 4.000 Kilometer mit Spitzengeschwindigkeiten von bis zu 100 km/h in 70 Stunden zurück. Das ist schon ganz ordentlich.

Pfuhlschnepfen, die in Alaska brüten, können darüber jedoch nur milde lächeln: Die Pfuhlschnepfe 4BBRW flog die 12.200 Kilo-

Rekordfliegerin Pfuhlschnepfe: vom Brutgebiet bis zum Überwinterungsgebiet.

meter von ihrem Brutgebiet bis zu ihrem Überwinterungsgebiet in Neuseeland in gut 224 Stunden am Stück. Ähnliche Strecken legen auch andere nordamerikanische Pfuhlschnepfen zurück, die nicht so schicke Namen haben. Unterwegs rasten sie nicht, schlafen nicht und nehmen keine zusätzliche Nahrung auf. Die Landungen und Starts würden zu viel Energie verbrauchen. Stattdessen nutzen sie die Luftströmungen, so gut es geht, und fliegen in einem Rutsch durch. Vorher fressen sie sich natürlich ein Fettpolster als Energiespeicher an, aber sie schrumpfen auch ihre Organe, um zusätzlich Energie zu sparen. Unterwegs brauchen sie dann aber nicht nur ihre Fettreserven auf; auch ihre Herz- und Brustmuskeln sind bei der Ankunft deutlich verkleinert. Trotzdem können wir uns immer noch nicht richtig erklären, wie sie das durchhalten.

Zusätzlich beeindruckend an dieser Leistung finde ich, dass 4BBRW nicht nur sich selbst, sondern auch einen Sender von Alaska bis nach Neuseeland flog. Sie ist damit ein schillerndes Beispiel für eine erfolgreiche Langstreckenfliegerin. Viele Zugvögel erreichen ihre Zielgebiete jedoch nicht. Wir können aber davon ausgehen, dass Pfuhlschnepfen grundsätzlich solche extremen Weiten am Stück fliegen, auch ohne Besenderung. Grade wenn sie nicht besendert sind, sollte ich vielleicht schreiben, denn Sender, egal wie klein sie sind, sind immer auch eine zusätzliche Belastung für die Vögel. Einerseits durch das zusätzliche Gewicht, aber auch, weil sie die perfekte Aerodynamik der Vögel verändern und die Tiere daher mehr Energie brauchen. Mit einem Sender so weit zu fliegen, ist also besonders eindrucksvoll.

Auf dem Rückweg nach Alaska fliegen die Pfuhlschnepfen übrigens eine andere Route und lassen sich viel mehr Zeit.

Sturzflieger

Ganz so viel Aufwand betreibt einer unserer anderen mitteleuropäischen Rekordhalter nicht. Bei uns lebt nämlich das allerschnellste

Der Wanderfalke schlägt seine Beute aus dem Sturzflug.

Tier der Welt: der WANDERFALKE. Seine Spezialität ist der Sturzflug. Am eindrucksvollsten hat das eine Falkendame namens Frightful vorgeführt. Sie wurde mehrmals mit Sensoren ausgestattet, die ihre Geschwindigkeit maßen. Mit einem Flugzeug wurde sie in große Höhen befördert und dort oben fliegen gelassen. Sie flog dann einem freifallenden Köder hinterher, der mit Bleigewichten beschwert war. Um den Köder einzuholen, legte sie ihre Flügel an und sah dann aus wie ein Wassertropfen. Zusätzlich war sie in der Lage, ihre Federn auf maximale Aerodynamik auszurichten. So erreichte sie unglaubliche 389 km/h und war damit deutlich schneller als unser schnellster ICE.

Diese enormen Geschwindigkeiten helfen Wanderfalken beim Jagen, denn sie schlagen ihre Beute in der Luft. Dabei wirken enorme Kräfte auf den Vogelkörper. Bei einer ande-

Der Wanderfalke: das allerschnellste Tier der Welt.

ren Messung mit Frightful bremste sie nach einem Sturzflug von 253 km/h abrupt ab und erwischte einen Köder 17 Meter über dem Boden. Dabei wirkte die Schwerkraft mit dem 27-fachen der Erdanziehung auf sie. Menschen werden in der Regel spätestens bei dem Neunfachen der Erdanziehung bewusstlos. Erstaunlich, was so ein kleiner, leichter Vogelkörper aushalten kann.

Rüttelflieger

Andere fliegende Beutegreifer machen bei der Jagd quasi genau das Gegenteil von Frightful: Sie fliegen auf der Stelle. Dabei stehen sie in der Luft, um auf dem Boden nach Beute Ausschau zu halten. Das wird allgemein als Rüttelflug bezeichnet. MÄUSEBUSSARDE, TURMFALKEN und SUMPFOHREULEN sind darin beispielsweise wahre Meister:innen. Aber wenn man genau hinsieht, rütteln sie gar nicht wirklich. Dieser Flugstil ist eine Mischung aus starkem Flügelschlagen und Gleiten. Durch das starke Flügelschlagen erzeugen die Vögel Auftrieb, damit sie überhaupt in der Luft bleiben können und nicht einfach abstürzen. Gleichzeitig müssen sie den Vortrieb verhindern, der sie sonst forttreiben würde. Rüttler stehen daher immer im Wind. Je mehr er weht, desto weniger Flügelschläge braucht der Vogel, um sich an derselben Stelle zu halten, weil der Wind für zusätzliche Luftbewegung unter seinen Flügeln sorgt. Ist der Wind stark genug, hält der Rüttler die Flügel still, streckt seinen Körper waagerecht aus und segelt im Wind. In diesen sogenannten Gleitphasen fliegt er mit Windgeschwindigkeit gegen den Wind, sodass seine absolute Geschwindigkeit gleich null ist.

In allen Phasen des Rüttelflugs halten die Vögel ihren Kopf ganz stabil, egal, wie sehr der Rest ihres Körpers im Wind wackelt. So schaffen sie es, die Welt unter ihnen genau im Blick zu behalten, um nach Beute Ausschau zu halten. Alternativ jagen diese Vögel auch von Sitzwarten aus. Das klingt weit weniger anstrengend und ist es auch, aber durch den Rüttelflug erschließen sie sich Jagdgebiete, in

Der Turmfalke rüttelt in der Luft auf Beute.

denen keine Sitzwarten vorhanden sind. Dadurch erhöhen sie ihre Chancen auf Nahrung, sodass sich der hohe Energieeinsatz dieser Flugtechnik auszahlt.

Luftakrobatin

Auch GRAUGÄNSE sind ausgezeichnete Fliegerinnen. Das wirkt vielleicht auf den ersten Blick nicht so, weil sie auch etwas schwerfällig starten und auch sonst eher unsportlich wirken. Aber sie können etwas Megacooles: Wenn sie schnell ihr Tempo drosseln wollen, drehen sie ihren Körper im Flug zur Seite oder ganz auf den Rücken. Der Hals wird dabei bis zu 180 Grad verdreht, so dass der Kopf in gewohnter Position bleibt. „Whiffling" nennt sich dieses Flugmanöver.

Cooles Tempodrosseln der Graugans durch „Whiffling".

Sie nutzen es, wenn sie zu schnell oder zu hoch sind, um zu landen. Auch bei einzelnen Graugänsen, die zu einer Gruppe aufschließen, habe ich es schon beobachtet. Es hilft ihnen auch, bei schwierigen Flugbedingungen, wie starkem Wind, die Kontrolle zu behalten.

Dauerflieger

Es gibt aber noch die ungekrönten Royals unter den Extremfliegern: MAUERSEGLER. Als extreme Dauerflieger, die quasi ihr ganzes Leben in der Luft verbringen, sind sie perfekt an dieses Element angepasst.

Sie jagen in der Luft, sie fressen in der Luft, sie trinken fliegend, paaren sich fliegend, sie schlafen sogar im Flug. Für dieses außergewöhnliche Leben fernab vom festen Boden haben sie natürlich spezielle Strategien entwickelt. Sie jagen sogenanntes Luftplankton: fliegende Insekten, die sie sich aus der Luft schnappen. Um zu trinken, fliegen sie ganz dicht über einer Wasserfläche und schöpfen im Flug mit ihrem Schnabel Wasser.

Wie das mit dem Schlafen funktioniert, war jedoch lange ungewiss. Zwar vermuteten Forschende, dass auch Mauersegler schlafen müssen, da bei allen Tieren die kognitiven Fähigkeiten und die Gesundheit ohne Schlaf leiden, aber beweisen konnten sie es lange nicht. Inzwischen ist dieses Phänomen gut an Fregattvögeln erforscht, die auch sehr viel Zeit in der Luft verbringen. Hier hat sich gezeigt, dass im Schlaf meistens jeweils nur eine Hirnhälfte wirklich schläft. Die andere ist aktiv und kontrolliert die Muskelbewegungen des Vogels. Wahrscheinlich funktioniert das bei Mauerseglern genauso.

Sein luftverbundenes Leben spiegelt sich auch im lateinischen Namen des Mauerseglers wider: *Apus apus*. Das bedeutet „fußlos“. Und tatsächlich haben Mauersegler sehr kleine, fast verkümmerte Beine und Füße. Aber ganz auf sie verzichten können sie auch nicht, denn es gibt diese eine Sache, für die sogar Mauersegler landen: für ihren Nachwuchs.

Mauersegler verbringen bis zu zehn Monate im Jahr in der Luft. In der restlichen Zeit landen sie nur mal zwischendurch, um zu brüten und um ihre Jungen zu füttern. So elegant und erhaben sie in der Luft sind, so unbeholfen wirken sie am Boden. Sie kriechen eher, als dass sie laufen. Selbst das Baumaterial für ihr Nest sammeln sie in der Luft ein und verkleben es mit Speichel, damit sie bloß nicht landen müssen.

Auch die Fütterungen ihres Nachwuchses haben Mauersegler so perfektioniert, dass sie möglichst selten dafür landen müssen. Während andere Vogelarten alle paar Minuten das Nest ansteuern und die erbeuteten Insekten einzeln in die hungrig aufgereckten Schnäbel stecken, fliegen Mauersegler das Nest nur ungefähr alle zwei Stunden an. Obwohl sie sonst in der Luft sehr auffällig und sichtbar sind, ist es deshalb gar nicht so leicht, einen Mauerseglerbrutplatz zu entdecken.

Die Schriii-Rufe der am Himmel jagenden Mauersegler gehören zum Sound des Sommers.

Wenn die Eltern dann aber mal zum Nest kommen, lohnt es sich so richtig: In der Luft sammeln sie Insekten wie Blattläuse oder Käfer und kleine Spinnen über mehrere Stunden in ihrem Kehlsack. Dort werden sie mit Speichel zu einer Kugel verklebt, die auch Bulus genannt wird und wie eine kleine Praline aussieht. Diese übergeben die Eltern direkt in den Rachen des Nestlings. Weil die Minis dafür den Schnabel weit aufsperren und die Eltern mit dem Kopf dicht rangehen, sieht das ein bisschen so aus, als wollten die Kleinen ihre Eltern gleich mit verschlucken.

Nach der Fütterung gleicht der Start der Eltern eher einem Sturz. Im Idealfall lassen sich Mauersegler einfach von einer Sitzwarte fallen. Und dann fliegen sie wieder.

Im Gegensatz zu ihrem Ruhezustand am Boden verbrauchen sie im Flug „nur" etwa die dreifache Energie. Zum Vergleich: Ein Rotkehlchen verbraucht auf seinen kurzen Strecken etwa das 22-Fache. Die langen, schmalen, gebogenen Flügel der Mauersegler sind ideal an ihr Leben in der Luft angepasst. Sie verschaffen ihnen viel Auftrieb und erzeugen wenig Luftwiderstand. Das ermöglicht Mauerseglern einen energiesparenden Flug. Zusätzlich minimieren sie die Energiekosten des Fluges durch Segeln und Gleiten – und durch eine verhältnismäßig langsame Geschwindigkeit. Wenn sie so juchzend zwischen unseren Häusern umhersausen, sollte man das nicht meinen, denn da schaffen sie Spitzengeschwindigkeiten von bis zu 100 km/h. Im Normalfall fliegen Mauersegler aber sehr ökonomisch, fast bedächtig, und bleiben weit unter diesen Maximalgeschwindigkeiten.

Was genau die Vögel in ihrer Zeit in der Luft treiben und wo sie sich rumtreiben, war lange unbekannt. Klaudia Witte und ihr Team von der Universität Siegen gehen diesen Fragen in einem Langzeitprojekt auf den Grund. Seit vielen Jahren statten sie Mauersegler mit Transpondern aus, die wie eine Art Minirucksack auf den Rücken der Segler sitzen und die bei ihren Flügen die Helligkeit und damit die Tageslänge messen. Wenn Klaudia Witte und ihr Team dann im folgenden Frühjahr den Mauerseglern bei ihrer Rückkehr die Rucksäcke wieder abnehmen, können sie dadurch auswerten, wann sich die Tiere wo aufgehalten haben. Dabei haben sie schon herausgefunden, dass zwar jedes Individuum zu bestimmten Orten zurückkehrt und dass die Vögel gerne in Gesellschaft von anderen Mauerseglern unterwegs sind, dass Paare und Geschwister aber nicht zwangsläufig zusammenbleiben. Jedes Tier verfolgt seine eigene Überwinterungsstrategie.

Genau diese individuellen Entscheidungen untersuchen die Forschenden aus Siegen zurzeit. Sie wollen herausfinden, welche Entscheidungen die einzelnen Mauersegler im Laufe eines Jahres treffen und welchen Einfluss äußere Umwelteinflüsse wie das Wetter darauf haben. Außerdem interessiert sie, wie das alles mit ihrem Bruterfolg zusammenhängt.

Megainteressant. Dass Mauersegler als Dauerflieger als der Inbegriff von Freiheit gesehen werden, geht also noch einen Schritt weiter, als mir bisher klar war: Sie leben sogar ihre individuelle Freiheit aus und entscheiden selbst, wohin sie ziehen.

Bei einer nicht-repräsentativen Umfrage unter Forschenden und anderen Vogelbegeisterten, die ich vor einiger Zeit mal nebenbei gemacht habe, gaben erstaunlich viele an, dass sie gerne ein Mauersegler wären, wenn sie ein Vogel sein dürften. Als Grund verwiesen alle auf seine langen Flugphasen. Selbst abgeklärte Vogelprofis sind also fasziniert von diesem begnadeten Dauerflieger und seinem ungebundenen Leben in der Luft, weitab von allen irdischen Problemen.

Ich teile zwar diese Faszination für die waghalsigen Flugakrobaten, und ich liebe es, wenn sie an lauen Sommerabenden mit ihren vergnügten Schriii-Rufen zwischen den Häusern entlangflitzen. Sie klingen dabei, als hätten sie wirklich sehr viel Spaß am Fliegen. Ich schaue ihnen zu und frage mich, was sie so alles erleben in ihrer Wirklichkeit, die scheinbar so unbeschwert ist, aber tauschen möchte ich mit ihnen nicht. Zu schön finde ich das Leben auf der Erde.

Superkraft
#3
Singen

Dafür lieben wir Vögel: Sie singen den Frühling ein. Sie trällern, flöten und jubilieren. Dass sie das besonders schön können und sie damit das Herz von vielen Menschen berühren, ist unbestreitbar und für sich schon eine Superkraft.

BESONDERS COOL WIRD ES ABER, wenn wir uns das mit dem Gesang ein bisschen näher anschauen. Warum singen sie eigentlich? Und wie machen sie das genau?

Dass Vögel überhaupt singen können, ist schon ziemlich erstaunlich. Die Wissenschaft nennt das vokales Lernen. Das steht im Gegensatz zu „stimmlich einfach nur ein bisschen rumprobieren", wie es z. B. Hunde oder Seerobben tun. Diese Fähigkeit ist erstaunlich einzigartig, denn nur wir Menschen, ein paar andere Säugetiere und eben die Vögel können das. Gesang ist also eine sehr seltene Ausnahme in der Tierwelt.

Langer Atem

Widmen wir uns kurz der Theorie hinter dem Gesang, weil die sehr spannend ist. Damit kommen wir nämlich an einen Punkt, an dem uns Vögel ganz fremd sind. Sie atmen sogar ganz anders als wir und auch viel effizienter als alle Säugetiere. Sie atmen gewissermaßen im Kreis. Anders als bei uns strömt die Luft nur in eine Richtung. So nehmen sie sowohl beim Einatmen als auch beim Ausatmen Sauerstoff auf.

Sie brauchen zwei Atemzyklen, um die Luft in ihrem System auszutauschen, also: einatmen, ausatmen, einatmen, ausatmen.

Vögel nehmen sowohl beim Einatmen als auch beim Ausatmen Sauerstoff auf.

Bei kalter Luft können wir auch Rabenkrähen atmen sehen.

Davon sieht man von außen aber nichts, denn eine Vogellunge ist fest eingewachsen und bewegt sich dabei nicht. Beim Atmen füllen Vögel auch ihre Luftsäcke, die ungefähr wie Blasebälge funktionieren und von denen sie erstaunlich viele haben: je nach Art sieben bis elf.

All das sorgt dafür, dass Vögel beim Singen einen langen Atem haben, denn sie müssen ihren Gesang nicht unterbrechen, um Luft zu holen. Das ermöglicht z. B. den **FELDLERCHEN**, die ja sowieso coole Socken sind, weil sie auch auf der Stelle fliegen können, minutenlang ununterbrochen zu singen.

Raffiniert

Singen ohne Luft zu holen und das sogar mehrstimmig.

Auch der Klangapparat von Vögeln ist einmalig: Obwohl sie einen Kehlkopf haben wie wir, nutzen sie ihn im Gegensatz zu uns nur ganz nebenbei für den Gesang. Bei ihnen entstehen die Töne in der sogenannten Syrinx, dem Stimmkopf. Sie sitzt am Ende der Luftröhre direkt dort, wo sich die Luftröhre in die beiden Bronchien gabelt. Vögel können die Luft aus den Luftsäcken gezielt entweichen lassen und durch den Stimmkopf pressen. Ihr Gesang, aber auch Rufe oder ein einzelner Ton klingen bei ihnen oft mehrstimmig, weil die rechte und linke Seite des Klangapparats unabhängig voneinander angesteuert werden und so auf beiden Seiten gleichzeitig Töne entstehen können. Megacool, oder? Deren Lautstärke hängt dabei auch nicht von der Größe des Vogels ab, sondern von dem Druck, mit dem die Luft durch den Stimmkopf gedrückt wird.

Die Gesangsmuskeln rund um die Syrinx ziehen sich in unglaublichen vier Millisekunden zusammen. Das ist viel schneller als alle Muskeln, die wir Menschen zu bieten haben. So ein menschliches Augenlid, unser schnellster Muskel, ist ca. 100 mal langsamer. Vögel vollführen mit ihrem Gesangsapparat sogar die schnellsten Bewegungen, die bisher bei Wirbeltieren gemessen wurden. Wir Menschen können solche ultraschnellen Turbobewegungen noch nicht mal wahrnehmen. Das erklärt aber auch, warum wir kläglich scheitern, wenn wir versuchen, so einen schicken Vogelgesang nachzumachen. Vögel hingegen schaffen es durchaus, menschliche Laute zu imitieren. Grade STARE haben dafür viel Talent.

Besonders schön ist der Vogelgesang im Frühjahr zur Balzzeit. Vögel singen, um ihr Revier abzugrenzen. Sie ziehen damit quasi einen akustischen Gartenzaun. Wagt ein anderer Vogel derselben Art sich in ein so abgestecktes Revier, wird er zügig und unnachgiebig daraus vertrieben. Es sei denn, er gehört zum anderen Geschlecht: Vogelmännchen singen nämlich auch, um eine geeignete Partnerin auf sich aufmerksam zu machen.

Gesänge sind bei den verschiedenen Vogelarten ganz unterschiedlich stark ausgeprägt. Das erlaubt auch Rückschlüsse auf ihr Sozialleben. Gesellige Arten, wie Haussperlinge, Rauchschwalben oder Rabenkrähen haben keinen besonders eindrucksvollen, individuellen Gesang. Sie zwitschern oder krächzen eher, als dass sie singen.

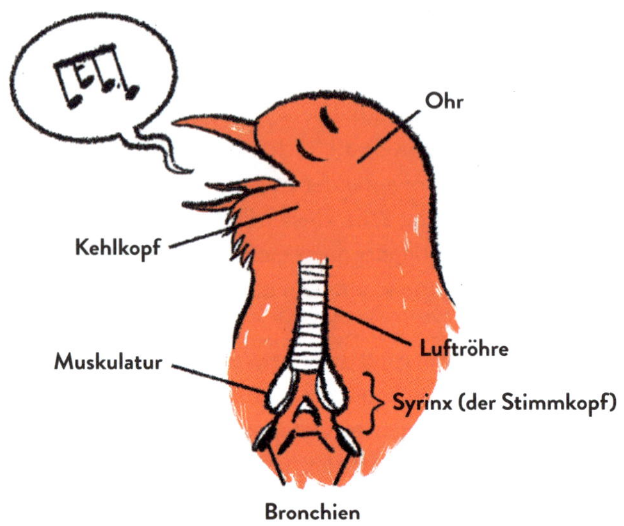

Gesangsapparat der Vögel

Je sozialer eine Art ist, desto weniger aufwändig ist ihr Gesang. Und umgekehrt. Verschiedene Drosselarten sind ein schönes Beispiel dafür und zeigen, dass Lebensweise und Gesang bei Vögeln zusammenhängen:

AMSELMÄNNCHEN sind zur Brutzeit äußerst territorial und verteidigen sehr vehement ein Revier. Sie sind Meistersänger. Ihr Gesang ist sehr ausgeprägt und variantenreich. Er klingt melodisch, laut, klar und schallt weit.

Bei ihren Verwandten, den WACHOLDERDROSSELN, ist das ganz anders. Wacholderdrosseln sind sehr gesellig, brüten in Gruppen und verteidigen kein eigenes Revier. Ihr Gesang ist kaum der Rede wert. Ich höre meistens nur ihr empörtes Rufen, wenn sie ihr gemeinsames Revier gegen eindringende Rabenkrähen verteidigen.

ROTDROSSELN, die uns meist nur im Winter besuchen, liegen irgendwo dazwischen: Sie verteidigen zwar ein Revier, das aber kaum über ihr eigenes Nest hinausgeht. Sie dulden auch andere Rotdrosseln in der Nähe. Dementsprechend ist ihr Gesang ganz okay, aber nicht besonders eindrucksvoll ausgeprägt.

Dauerlernerin

Die wohl bekannteste und besterforschte Meistersängerin unter den Vögeln ist die NACHTIGALL. Ihr Gesang berührt Menschen so tief, dass sie seit Jahrhunderten in verschiedenen Kulturen ein Symbol für Liebe und Sehnsucht ist. Eine Nachtigall zu übersehen, ist nicht so schwer, denn sie gehört zu den graubraunen, eher unscheinbaren Vögeln. Sie sitzt auch meist im Geäst eines Busches oder Baumes und lebt im Verborgenen. Eine Nachtigall zu überhören, ist aber quasi unmöglich.

Wie der Name nahelegt, singt sie tatsächlich nachts, aber auch morgens, mittags, nachmittags – eigentlich rund um die Uhr. Sie ge-

„Nachtigallen-Väter singen ganz leise für ihre Küken im Nest. Wie süß ist das denn?“

In der Forschung hat sich gezeigt, dass junge Nachtigallmännchen ihren Gesang nicht lernen, wenn er ihnen nur vom Band vorgespielt wird. Sie brauchen die Verbindung zwischen Gesang und einem realen Wesen, um selbst gute Sänger zu werden.

hört zu den ausdauerndsten Sängerinnen der Vogelwelt. Oder sollten wir besser sagen: Sängern? Denn bei den Nachtigallen singen vor allem die Männchen. Sie singen, um ihr Revier abzustecken und von einer Partnerin erwählt zu werden. Wenn sie erwählt worden sind, singen sie nachts nicht mehr, aber weiterhin tagsüber, um ihr Revier zu verteidigen.

Ihre Gesangskünste sind Nachtigallen nicht in die Wiege gelegt – das heißt, sie können nicht sofort losträllern, wenn sie aus dem Ei schlüpfen, sondern sie müssen ihren Gesang erst erlernen. Wie sie das machen, wird seit langem in Berlin, dem internationalen Epizentrum der Nachtigallenforschung, untersucht.

Die Gesangskarriere beginnt schon in den ersten Wochen eines jungen Nachtigallenlebens. Zu dieser Zeit hören die kleinen Nachtigallen viele erwachsene Artgenossen um sich herum singen und auch ihr eigener Vater bringt ihnen ganz persönlich ein Ständchen: Er singt am Nest für sie. Und zwar nicht so laut und schmetternd, wie wir das kennen, sondern ganz leise. Ein kleines Privatkonzert für seinen Nachwuchs. So werden sowohl die weiblichen als auch die männlichen Nachkommen auf ihren Artgesang geprägt.

Genau wie wir Menschen in den ersten Monaten Sprache nur aufnehmen ohne zu sprechen, nehmen auch die kleinen Nachtigallen in ihren ersten Lebensmonaten den Gesang nur auf, ohne selbst zu singen. Im Herbst ziehen sie wie ihre Eltern ins tropische Afrika. Erst dort im Winterquartier fangen sie selbst an, Klänge zu produzieren, zu piepsen und zu üben.

Und sie werden nie wieder aufhören zu üben. Nachtigallen sind „Lernende mit offenem Ende“, das heißt, sie lernen ihr ganzes Leben neue Strophen. Diese bauen sie aber nicht sofort in ihren Gesang ein, wenn sie sie hören. Am Ende einer Brutsaison hören sie abrupt auf zu singen. Sie beginnen damit erst wieder, wenn sie im afrikanischen Winterquartier ankommen. Dort üben sie dann neue Strophen, einzelne Bruchstücke oder auch ihren ganzen Gesang immer und immer wieder. Warum sie dort sonst singen, ist bisher unklar.

Sie suchen keine Partnerin und verteidigen kein Revier. Erst wenn sie zu uns ins Brutrevier zurückkehren, wird es wieder ernst. Dann singen sie quasi rund um die Uhr und voller Inbrunst. Schließlich geht es ums Ganze: um ihre Fortpflanzung.

Virtuosin

Das Gesangsrepertoire eines durchschnittlichen Nachtigallmännchens umfasst unglaubliche 180 Strophen. Das ist weit mehr, als ein durchschnittliches zweijähriges Menschenkind sprechen kann. Und genau wie bei Menschenkindern der passive Wortschatz (also die Worte, die sie verstehen) größer ist, als der, den sie anwenden, so singt auch eine Nachtigall nicht alles, was sie versteht bzw. kennt.

Auch im Vergleich zu vielen anderen Vogelarten ist sie mit diesem Repertoire einzigartig. Ein BUCHFINK hat bis zu fünf Strophentypen, die er in jedem Frühjahr auch erst einmal wieder einüben muss. Dieses Üben können übrigens auch wir Menschen hören. Manche Buchfinken kommen aber auch lebenslang mit nur einer einzigen Strophe aus, die sie den ganzen lieben langen Tag schmettern.

Weil NACHTIGALLEN aber so viele Strophen auf dem Kasten haben, klingen ihre Lieder für uns sehr individuell und einzigartig. Fast schon nach Jazz-Improvisation. Erstaunlicherweise ist der Gesang bei allen Nachtigallen aber gleich aufgebaut. Eine Nachtigall singt sehr konsequent immer dasselbe Lied, also dieselbe Abfolge von Strophen. Anders als z. B. bei Rotkehlchen, die auch mal wiederkehrende Elemente haben, aber ansonsten freestyle singen, bleibt die Abfolge der Strophen bei einer Nachtigall immer gleich.

Allein in Berlin gibt es 930 bekannte Nachtigallen-Strophen.

Und auch die Strophen sind nicht frei erfunden: In Berlin gibt es 930 bekannte Strophentypen. Alle Nachtigallen schöpfen also aus demselben Fundus. Populäre Stro-

Der Gesang des Buchfinks ist ein prima Einstieg, um Vogelstimmen zu lernen.

phen werden überall in Europa gesungen. Und auch die europäische Strophenanzahl ist insgesamt begrenzt. Fest steht auch, dass es bei den Nachtigallen so etwas wie Sommerhits gibt: Die Gesänge eines Gebiets ändern sich jedes Jahr und neue Elemente tauchen dann oft bei mehreren Männchen gleichzeitig auf. Ob sie die gemeinsam im Winterquartier geübt haben?

So ein echter Nachtigallenmann scheut auch den Vergleich nicht – im Gegenteil. Er singt häufig in unmittelbarer Nähe von vielbefahrenen Straßen oder an lauten Bahntrassen und auch in direkter Konkurrenz zu anderen Nachtigallen. Die einzelnen Männchen treten dann in einen Wettstreit miteinander und duellieren oder duettieren sich: Sie antworten auf die Strophe des anderen, fallen sich gegenseitig ins Wort, wiederholen die soeben von ihrem Konkurrenten gesungene Strophe noch einmal und versuchen, sich gegenseitig zu übertrumpfen. So kann sich ein Nachtigallweibchen den für sie attraktivsten Sänger aussuchen. Nach welchen Kriterien genau es dabei vorgeht, wissen wir noch nicht.

Wir wissen aber, dass Nachtigallmännchen mit ihrem Gesang auch etwas über ihre Persönlichkeit und über ihre Eigenschaften als zukünftige Väter verraten: Je mehr sie sich beim Singen an die ordentliche Abfolge der Strophen halten, desto mehr beteiligen sich die Männchen später auch an der Brutpflege.

Heimatverbunden

Jedes Vogelmännchen transportiert mit seinen Gesängen noch so viel mehr, als das, was wir Menschen wahrnehmen. Zum einen natürlich, zu welcher Art es gehört, klar. Das können sogar wir Men-

Goldammern singen in Dialekten, die auch wir Menschen erkennen können.

schen lernen zu erkennen. Je nach Art verrät der Sänger aber noch so viel mehr: wie gesund er ist, wie alt er ist, wo er sich im Winter oder auch im letzten Frühjahr rumgetrieben hat und wo er geboren wurde.

Genau wie bei uns Menschen die Sprache oft die Herkunft verrät, so gibt es auch Vögel, die in Dialekten singen. Die GOLDAMMER ist dafür ein schönes Beispiel und praktischerweise eins, das wir Menschen auch wahrnehmen können.

Goldammern sind ausdauernde Sänger. Sie singen von März bis September von Sonnenaufgang bis Sonnenuntergang. Sogar in der flimmernden Nachmittagshitze des Hochsommers, in der die meisten anderen Vogelarten verstummen, sind sie zu hören. Ihr Gesang wirkt einfach, fast eintönig, ist dadurch aber für uns Menschen prima zu erkennen. Für viele scheinen Goldammern „Wie, wie, wie, wie, wie hab ich dich lieb“ zu singen. Andere hören nur „didididididum“ oder einfach einen singenden Vogel.

Goldammermännchen singen dabei immer dasselbe Repertoire, das sie in ihren ersten beiden Lebensjahren von ihrem Vater oder den Nachbarn gehört haben. Der Gesang startet mit einigen kurzen, knackigen Einleitungssilben („wie, wie, wie“), in die jede Goldammer ein bisschen Persönlichkeit einfließen lässt, gefolgt von einem gedehnten Schlussteil („liiiiiiieb“). Und genau in diesem Schlussteil unterscheiden sich die Goldammern in den verschiedenen Regionen.

Da Goldammern sehr standorttreu sind und wenig ziehen, bleiben diese regionalen Unterschiede über Jahrzehnte stabil. Und Goldammerweibchen bevorzugen Männchen, die denselben Heimatdialekt singen, mit dem sie selbst aufgewachsen sind. Kein Wunder, dass sich da so wenig mischt und sich die Dialektgrenzen über viele Generationen nicht verändern.

Es gibt im Grenzgebiet von zwei Dialekten aber auch Goldammern, die zweisprachig aufwachsen, und sowohl den einen wie auch den anderen Dialekt singen können bzw. beide attraktiv finden. Und diese Vögel sorgen dann doch für eine Gesangsveränderung.

Stimmgewaltig

Auch in der Lautstärke sind uns Vögel überlegen. All das Gepiepse und Getrillere scheint uns ja oft vor lauter Lieblichkeit gar nicht so laut, aber wer mal wie ich versucht hat, in einem Zelt zu schlafen, während nebenan eine einsame Nachtigall gesungen hat, wird diese Nacht nie vergessen. An Nachtigallen in Dauerschleife vor dem heimischen Schlafzimmerfenster mag ich gar nicht denken.

Wen ich bei aller Vogelliebe auch nicht direkt unter meinem Fenster singen hören muss, ist der **ZAUNKÖNIG**. Dieser Winzling schafft es auf 90 Dezibel. Das ist so laut wie ein vorbeidonnernder LKW. Und sein Gesang ist noch in 500 Metern Entfernung zu hören. Dabei ist der Zaunkönig wirklich winzig. Er ist gerade einmal neun bis zehn Zentimeter groß und damit der drittkleinste Vogel, den wir in Europa haben.

Würde ich vergleichbar laut singen, könnte ich wahrscheinlich locker einer Freundin in Lappland Neuigkeiten zurufen. Nur Geheimnisse sollte ich dabei nicht mitteilen, aber das möchte ja auch der Zaunkönig nicht, im Gegenteil. Er will, dass ihm alle anderen Zaunkönige zuhören.

Aber nicht nur die Lautstärke ihres Gesangs in Kombination mit ihrer Winzigkeit ist bei den Zaunkönigen das Verblüffende. Sie räumen auch sonst mit gängigen Vorurteilen über den Vogelgesang auf. Eigentlich gilt bei uns ja die Faustregel, dass Vogelmännchen im Frühjahr singen, um eine Partnerin zu finden und ihr Brutrevier abzustecken. Daran hält sich der Zaunkönig so gar nicht.

Mit 90 Dezibel schallt der Zaunkönig 500 m weit!

Zaunkönige sind im tiefsten Herzen eigenbrötlerische Einzelgänger, die am allerliebsten ganz für sich sind. Deshalb beanspruchen sie das ganze Jahr über ein Revier und singen auch das ganze Jahr über, um dieses Revier zu verteidigen. So können wir

Wenn Zaunkönige ihre Lieder schmettern, vibriert ihr Körper vom weit geöffneten Schnabel bis zur aufgestellten Schwanzspitze. Ihre trillernden Strophen dauern so um die fünf Sekunden. Nach 15–20 Strophen machen sie ein kleines Päuschen und wechseln oft den Standort.

auch an einem winterlichen Januartag Zaunkönige singen hören. Das hat ihnen den Beinamen „Schneekönig" eingebracht, der sich auch in unserer Sprache verankert hat: Wenn wir uns freuen wie ein Schneekönig, könnten wir so laut singen wie ein Zaunkönig im Winter.

Überraschung

Auch das ROTKEHLCHEN singt im Winter und ist ebenfalls ein eigenbrötlerischer Einzelgänger. Deshalb gibt es noch eine Gemeinsamkeit von Rotkehlchen und Zaunkönigen: Bei beiden Vogelarten singen auch die Weibchen. Und damit befinden sie sich in guter Gesellschaft.

Lange waren Ornithologen davon überzeugt, dass ausschließlich Vogelmännchen singen, und zwar um Weibchen anzulocken. Wobei schon das Wort „anlocken" ein schiefes Bild erzeugt: Singende Vogelmännchen preisen sich mit ihrem Gesang an. Oder neutraler formuliert: Sie machen auf sich aufmerksam. Singende Weibchen wurden als seltene Ausnahme abgetan, als untypische Abweichung von der Regel. Inzwischen wissen wir: Diese Annahme ist überholt.

Katharina Riebel von der Universität Leiden in den Niederlanden hat mit anderen Forschenden aus Australien und den USA systematisch wissenschaftliche Literatur ausgewertet und festgestellt: Singende Weibchen sind weltweit betrachtet die Regel, nicht die Ausnahme. Schon beim gemeinsamen Vorfahren aller modernen Singvögel haben beide Geschlechter gesungen. Das ist also der Urzustand.

Was ich so faszinierend an dieser Arbeit finde: Katharina Riebel und ihre Kolleg:innen haben nicht Neues erfunden, sie haben auch nicht alle Arten weltweit neu erforscht. Sie haben Berichte und Beschreibungen ausgewertet, die bereits da waren. Die Beweise lagen seit Jahrzehnten auf dem Tisch, sie mussten nur mit einer neuen Frage im Kopf betrachtet werden. Aber wie konnte das so lange unentdeckt bleiben?

Singende Weibchen sind die Regel, nicht die Ausnahme.

Ausgerechnet hier bei uns in Mitteleuropa und auch in Nordamerika haben verhältnismäßig viele Weibchen aufgehört zu singen. Da nach wie vor auch die meiste ornithologische Forschung, die Gehör findet, aus diesen Regionen stammt, gingen die westlichen Wissenschaftler davon aus, dass das, was sie kannten, der universale Normalzustand ist. Vielfältige Berichte aus anderen Regionen wurden als Ausnahmen verbucht, die die Grundannahme nicht infrage stellten, und gleich wieder vergessen.

Hinzu kommt, dass bei Arten wie Rotkehlchen und Zaunkönigen beide Geschlechter für uns Menschen äußerlich ziemlich gleich aussehen. Deshalb gingen Ornithologen offenbar davon aus, dass

Kaum zu überhören, aber viel zu lange übersehen: Bei Rotkehlchen singen beide Geschlechter.

Heckenbraunellengesang ist ein echter Geheimtipp.

das Individuum, das sie da grade singen sahen oder vielleicht nur hörten, einfach ein Männchen sein musste und haben nicht weiter hingeschaut. So wurden viele singende Weibchen schlichtweg übersehen.

Aber sobald Forschende anfingen, genauer hinzusehen, tauchten immer mehr von ihnen auf: bei **WASSERAMSELN**, **HECKENBRAUNELLEN** und sogar bei **BLAUMEISEN** singen die Weibchen – um nur ein paar zu nennen. Das ist so besonders faszinierend, weil Blaumeisen zu den mit am besten erforschten Singvögeln bei uns gehören. Bei ihnen singen die Weibchen tagsüber und stimmen nicht in den Morgengesang mit ein. Sie singen aber dieselben Lieder wie die Männchen. Das ist nicht bei allen weiblichen Gesängen so: Manche singen andere Lieder als die Männchen, manche singen leiser, manche nur im Duett mit einem Partner. Bei all dieser Vielfalt gibt es noch viel zu erforschen.

Dieses Beispiel zeigt eindrucksvoll, dass die Frage die Antwort bestimmt, die wir bekommen. Und auch: dass unser Blick auf die Welt die Antworten beeinflusst, die wir zu finden glauben. Das bedeutet nicht, dass jetzt alles falsch ist, was Forschende jahrelang herausgefunden haben. Auch die Daten, die erhoben wurden, stimmen grundsätzlich. Es bedeutet aber, dass bisher eine wichtige Dimension nicht betrachtet wurde und dass da noch so viel mehr ist, als wir bisher zu wissen glaubten.

Lange Zeit haben sich Forschende gefragt, wie es sein konnte, dass Männchen so spektakuläre Gesänge entwickelt haben. Um diese Frage zu beantworten, haben sie Daten gesammelt, Theorien entwickelt. Die Grundannahme stimmte jedoch nicht. Die Fragen, die sich Forschende stattdessen jetzt stellen, lauten: Warum haben bei uns so viele Weibchen aufgehört zu singen? Und warum singen die Weibchen im Rest der Welt? Das ist wissenschaftlicher Fortschritt.

Die meisten Forschenden versuchen genau solch eine Fehldeutung zu verhindern, indem sie sich und ihre Arbeit immer wieder selbst hinterfragen und von anderen hinterfragen lassen. Aber auch sie sind Menschen ihrer Zeit und der Gesellschaft, in der sie leben. Bei allen Wissenschaftsstandards ist auch Ornithologie nicht weltanschauungsfrei und wurde viel zu lange von einem westlichen, männlichen Blick geprägt. Welchen Fehldeutungen wir dadurch wohl noch aufgesessen sind?

„Wissenschaft durch Männerbrillen: Welche Fehldeutungen gingen wohl noch daraus hervor?“

Superkraft #4

Heilen

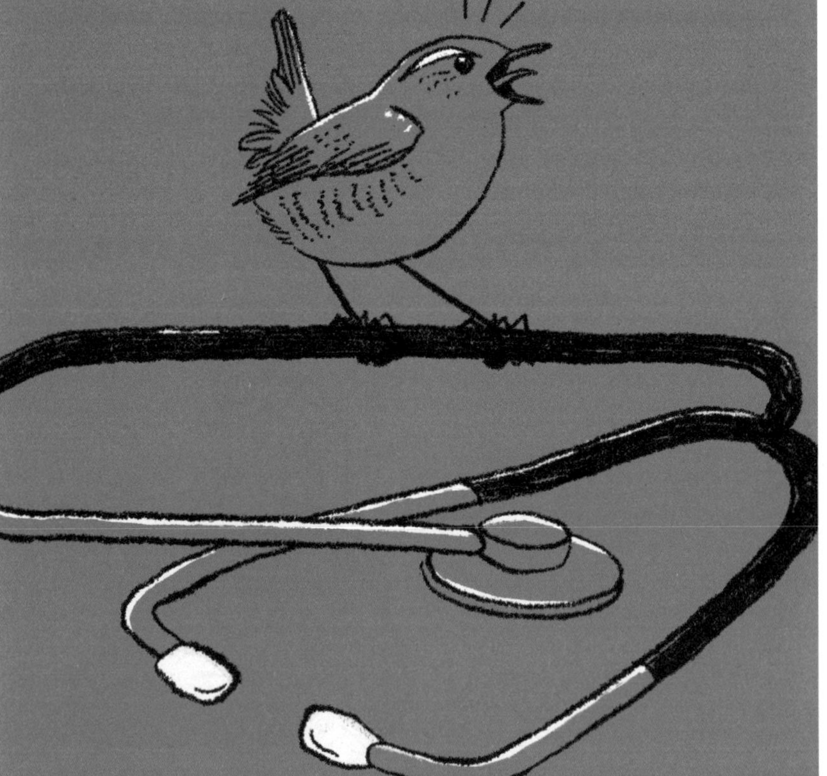

Bei allem, was wir über den Gesang von Vögeln wissen oder noch nicht wissen, fest steht jedenfalls: Der Gesang von Vögeln berührt und verzaubert uns.

DIE MEISTEN MENSCHEN NEHMEN VOGELGESANG als etwas Positives wahr und verbinden ihn mit erfreulichen Erlebnissen und Erwartungen wie gutem Wetter, Frühling, einem Picknick im Park.

Es ist ja auch schön, das Geflöte und Gepfeife, Getrillere und Getschilpe. Vogelgesang ist so anders als all die anderen Laute, die es da draußen sonst so gibt. Und genau das macht vielen Neulingen das Vogelstimmenlernen schwer. Aber egal, ob wir die Vogelart am Gesang erkennen oder nicht: Im Vogelgesang verbirgt sich noch eine andere, besonders coole Superkraft: Heilung. Und zwar heilen Vögel damit uns.

Das ist natürlich nicht die Absicht der Vögel, wenn sie singen, sondern eher ein zufälliges Nebenprodukt. Aber um selbst zu erfahren, wie gut ihr Gesang uns tut, müssen wir nur rausgehen, hinhören und in uns hineinfühlen.

Trotzdem ist diese Superkraft natürlich auch ein Fall für die Wissenschaft: Mehrere wissenschaftliche Studien auf der ganzen Welt haben sich in den letzten Jahren mit den Auswirkungen von Natur im Allgemeinen, aber auch speziell von Vögeln und ihrem Gesang auf unsere Gesundheit beschäftigt. Und tatsächlich gibt es da einen Zusammenhang.

Vogelgesang tut uns gut.

Der melodische Gesang der Mönchsgrasmücke hebt unsere Stimmung.

Seelische Gesundheit

Vögel tun für diese Heilung nichts Besonderes, außer zu sein, wie sie sind, und das genügt. Sie faszinieren uns durch ihre Leichtigkeit, ihre Lebendigkeit und ihre Eleganz. Sie wollen aber nichts von uns, fordern uns nicht. Sie zu beobachten, strengt uns nicht an. Wir müssen dabei nichts erledigen, es gibt kein Richtig und kein Falsch, keine Bewertung und keinen Erfolgsdruck. Deshalb hilft uns Vögel zu beobachten dabei, ganz im Hier und Jetzt anzukommen. Es ermöglicht unserem Gehirn, gewissermaßen in den Leerlauf zu schalten und ruhig zu werden.

Heute schon das Gehirn in den Leerlauf geschaltet?

Indem wir Vögeln zusehen und ihre Gesänge auf uns wirken lassen, lenken wir unseren Fokus, unsere Aufmerksamkeit auf etwas, das außerhalb von uns selbst ist.

Tiefenwirkung Vogelgesang

Genau wie wir uns als Kinder ins Spielen vertieft haben, können wir uns auch so ins Beobachten vertiefen, dass wir dabei Raum und Zeit vergessen. Das ermöglicht uns, uns aus unserem Alltag zu lösen und unseren Ärger und unsere Sorgen für eine Weile nicht zu beachten und im besten Fall kurzzeitig zu vergessen.
Vögel zu beobachten und ihnen zu lauschen, lindert unsere geistige Erschöpfung, hilft uns, uns besser zu konzentrieren und spendet uns neue Energie. Sogar Schmerzen werden als weniger stark empfunden, wir fühlen uns weniger ängstlich und depressive Gedanken können kurzzeitig unterbunden werden. Diese positiven Effekte können bis zu acht Stunden anhalten.

Entspannung pur

Vogelgesang senkt nachweislich das menschliche Stresslevel und verlangsamt unseren Herzschlag. Wenn wir Vögeln lauschen, die besonders schön singen und die im besten Fall auch noch schöne Erinnerungen in uns hervorrufen, macht uns das entspannter und zufriedener.

Naturverbunden

Möglicherweise hängt die beruhigende Wirkung der Vögel auch mit einer tief in uns sitzenden Naturverbundenheit zusammen. Demzufolge hat das Erleben von Natur positiven Einfluss auf das menschliche Wohlbefinden. Da wir genetisch noch viel mehr mit der Natur verbunden sind, als wir das in unserem modernen Alltag wahrhaben wollen, wirken Vögel und ihre Stimmen auch unbewusst auf uns. Wenn wir sie zwitschern hören, wissen wir, dass alles in Ordnung ist, wir fühlen uns sicher und geborgen. Wenn sie plötzlich aufhören zu singen, ist Gefahr im Verzug. Das verstehen wir unterbewusst auch noch nach all den Jahren in Betongebäuden.

Vögel erinnern uns daran, dass wir noch immer mit der Natur verbunden und ein Teil von ihr sind. Mitten in unserem modernen Alltag mit seinen Herausforderungen, Terminen und Stress sind Vögel wilde Boten der kraftvollen Natur, die uns umgibt. Sie sind überall um uns, wenn wir nur lernen hinzusehen: beim Spaziergang, auf dem Weg zur Arbeit, wenn wir morgens das Fenster öffnen oder zwischendurch aus dem Fenster sehen. Um die positive Wirkung der Vögel nutzen zu können, ist es nicht entscheidend, ob wir dafür extra auf eine Vogelexkursion gehen oder ob es sich um zufällige Begegnungen in unserem Alltag handelt. Besonders für Menschen in Städten bieten Vögel eine leicht zugängliche Möglichkeit, sich schnell und kostenlos für einen kurzen Moment mit der Natur zu verbinden.

Vogelfütterung

Obwohl Vögel überall um uns herum sind, erscheinen sie uns oft fern, besonders, wenn wir noch nicht gelernt haben, genauer hin-

Turnende Blaumeisen sind Gute-Laune-Bringer.

zusehen und sie wahrzunehmen. Eine einfache Möglichkeit, mehr Vögel ins eigene Leben zu holen, ist es, Vögel im Garten, auf dem Balkon oder dem Fensterbrett zu füttern. Mit geeignetem Futter lassen sie sich innerhalb kurzer Zeit anlocken und beim Futtern beobachten.

Auch damit tun wir unserer seelischen Gesundheit erwiesenermaßen etwas Gutes. Diese Form der initiierten Begegnung kann ein erster Schritt zu mehr Erlebnissen mit der uns fremd gewordenen wilden Natur sein. Wenn wir die Vögel in unserer Umgebung füttern, können wir das also auch aus ganz egoistischen Gründen tun, denn wir retten damit in erster Linie uns selbst.

Alle Vögel sind schon da

All diese Erkenntnisse macht sich auch das Projekt „Alle Vögel sind schon da“ zunutze, das der Landesbund für Vogel- und Naturschutz in Bayern (LBV) 2017 ins Leben gerufen hat und das von Kathrin Lichtenauer geleitet wird. Bei diesem Präventionsprojekt werden Futterstellen für Vögel in vollstationären Pflegeeinrichtungen installiert sowie Informations- und Beschäftigungsmaterial zum Thema Vögel bereitgestellt. So wird die Natur bzw. werden die Vögel vor die Fenster und direkt in die Leben der Bewohner:innen geholt.

In den ersten drei Jahren wurde das Projekt durch eine Studie der Katholischen Universität Eichstätt-Ingolstadt wissenschaftlich begleitet und ausgewertet. Das erklärte Ziel war es, durch das Angebot zur Vogelbeobachtung die Mobilität der pflegebedürftigen Bewohnenden zu fördern, ihre kognitiven Ressourcen zu stärken und die psychosoziale Gesundheit zu unterstützen. Durch die wissenschaftliche Begleitung konnte die Wirksamkeit auch hochoffiziell bestätigt werden. Das Beobachten von Vögeln hilft also dabei, geistig und körperlich aktiv zu sein.

Durch die Studie konnte auch bestätigt werden, dass sich die Denkleistung und die Aufmerksamkeitsfähigkeit der Vogelinteressierten in den teilnehmenden Häusern verbesserte, sie sich wohler fühlten, mehr bewegten und allgemein zufriedener waren.

„Das Beobachten von Vögeln hilft uns dabei, geistig und körperlich aktiv zu sein.“

Besser als die meisten Actionfilme: eine Spatzen-Gang im Garten.

Zugegeben: Das schaffen die Vögel nicht allein durch ihre Anwesenheit – oder doch irgendwie schon. Seit Projektstart bewegen sich die Menschen in den Häusern mehr, weil sie die Vögel an der Futterstelle beobachten wollen. Manche beteiligen sich auch aktiv an den täglichen Fütterungen. Am Vogelfenster oder im Garten treffen sie andere Menschen, mit denen sie ins Gespräch über die Vögel kommen. Sie fühlen sich dadurch als Teil einer Gemeinschaft. Die Vögel wecken Erinnerungen an frühere Erlebnisse und regen dazu an, alte Geschichten und auch altes Vogelwissen wieder hervorzuholen, etwa bei der Frage, ob das jetzt eine Kohlmeise oder doch ein Buchfink an der Futterstelle ist.

Neben der Beobachtung der Vögel an sich, ermutigen die Betreuungsfachkräfte die Bewohner:innen der Pflegeeinrichtungen, sich anhand der Materialien mit den Vögeln zu beschäftigen und so auch mehr über die Vögel zu erfahren, die sie sehen. Sie schauen sich das Infomaterial an, nutzen die speziell für diesen Einsatz entwickelten Vogelspiele und aktivieren die Plüschvögel mit Audioaufnahmen der Gesänge. Durch all das fühlen sie sich wieder mehr mit der Natur und der Welt um sie herum verbunden und haben mehr Freude im Leben.

Zusätzlich zu den wissenschaftlich auswertbaren Daten aus Befragungen gibt es zu diesem Projekt noch viele persönliche Geschichten. Kathrin Lichtenauer erzählt von berührenden Begegnungen, bei denen sogar Menschen mit bereits fortgeschrittener Demenz mit dem Thema erreicht wurden und sich an Gesprächen über Vögel beteiligten.

Die Grundlage all dieser positiven Veränderungen sind die Vögel und der Zauber, den sie auf uns ausüben. Und zwar auf uns alle, egal woher wir kommen oder wo wir aufgewachsen sind: Positive Erinnerungen an Vogelbegegnungen oder Vogelgesänge verbinden Menschen über gesellschaftliche Schichten und geografische Wurzeln hinweg.

Mehr Grün

Das gilt besonders noch für die Menschen der Generation, die jetzt in Pflegeheimen wohnt. Unsere Gesellschaft wurde in den letzten Jahren immer technischer und immer städtischer. Wir haben uns

Alte Friedhöfe sind oft tolle Lebensräume für Singdrosseln.

von der Natur entfremdet und die Natur aus unseren Städten entfernt. Ganz langsam findet jedoch ein Umdenken statt, weg von den lebensfeindlichen Steingärten des Grauens und wieder hin zu mehr Grün. Und das ist gut, denn damit schaffen wir auch wieder mehr Lebensraum für Vögel.

Menschen, die in Gebieten leben, in denen es viele Vögel gibt, erkranken seltener an Depressionen. Das hat zum einen damit zu tun, dass es in diesen Gebieten eine höhere Artenvielfalt gibt, die sich allgemein positiv auf das menschliche Wohlbefinden auswirkt. Zum anderen sind es aber tatsächlich auch die Vögel selbst.

Das Gute ist, dass wir für diese Wirkung nicht erst weit reisen und einen teuren Urlaub planen müssen. Die Art Natur, die uns guttut, findet sich auch direkt vor unserer Haustür: der eigene Garten, Balkon oder ein bepflanzter Hinterhof, aber auch Stadtparks, Schlossgärten, Friedhöfe, sogar Straßenbäume – überall, wo es einen Flecken Grün gibt, sind Vögel und ihre Heilkraft zu finden.

Vertraute

Verblüffenderweise wird der positive Effekt von Vögeln auf uns noch verstärkt, wenn wir die Namen der Vögel kennen, denen wir begegnen. Anscheinend fühlen wir uns durch dieses Wissen noch stärker mit der Natur verbunden, weil es eine Art Wiedersehen ist. Dabei ist derselbe Teil in unserem Gehirn aktiv, der auch für das Erkennen menschlicher Gesichter zuständig ist. Vögel, die wir beim Namen nennen können, werden uns zu vertrauten Bekannten. Und Bekannte, egal ob menschliche oder tierische, tun uns gut.

Auch für eingefleischte Birder lohnt sich ein zweiter Blick. Wir nennen unser Hobby zwar auch „Vogelbeobachtung“, viel zu oft ist es aber doch nur ein kurzer Blick, den wir uns und dem Vogel schenken. Wir bestimmen seine Art und haken sie auf einer imaginären oder tatsächlichen Liste ab – weiter geht's. Einem Vogel über einen längeren Zeitraum aufmerksam zuzuschauen, stärkt jedoch unsere

Phantomkonzert

Forschende haben nachgewiesen, dass Vogelstimmen den positiven Effekt, den Natur auf uns hat, noch verstärken. Dafür versteckten sie nach der Brutzeit auf bestimmten Abschnitten von Wanderwegen in Kalifornien kleine, leistungsstarke Lautsprecher. Über diese wurde der Gesang einer Vogelart abgespielt, die genau in dieser Umgebung natürlicherweise auch vorkommen würde. Im Wochenrhythmus wurde dieses Phantom-Vogelkonzert an- und ausgeschaltet. Am Ende der präparierten Wegstrecken wurden die Wandernden zu ihrem Naturerlebnis befragt. Die Menschen, denen das Phantom-Vogelkonzert vorgespielt worden war, gaben an, dass sie mental besser erholt waren als diejenigen, die die Wegstrecke ohne zusätzliche Vogelgeräusche gegangen waren. Ob das direkt am Vogelgesang lag oder ob die Wandernden durch den Gesang davon ausgingen, dass die Umgebung artenreicher war, konnte nicht eindeutig nachgewiesen werden.

Natur und Vögel tun gut

Ich finde es egal, ob uns Natur an sich guttut oder die Vögel darin: Beide wirken zusammen und gehören zusammen. Vögel gibt es nicht ohne Natur. Sie sind ein Teil von ihr. Genau wie wir.

Naturverbindung und verstärkt damit auch den positiven Effekt, den Vogelgucken auf uns hat. Vögel wirklich zu beobachten, ihnen länger zuzusehen, statt sie nur abzuhaken, lohnt sich auch aus ornithologischer Sicht: Scheinbar ganz gewöhnliche Vögel verhalten sich manchmal ganz schön ungewöhnlich.

Welchen Arten genau wir draußen begegnen, spielt übrigens keine Rolle: Amsel, Rotkehlchen, Eisvogel, Elster, Stadttauben, Blaumeise wirken gleich gut. Studien in ganz Europa haben jedoch gezeigt, dass es als erholsamer empfunden wird, mehr unterschiedliche Vogelarten zu sehen als mehr Individuen derselben Art.

Vögel haben einen ähnlich hohen Einfluss auf unser Wohlbefinden und unsere Lebenszufriedenheit wie unser finanzielles Einkommen. Das Erstaunliche dabei ist: Wird die Anzahl der Vogelarten in unserer Umgebung um zehn Prozent erhöht, hat das ab einem bestimmten Niveau einen positiveren Effekt auf uns als eine zehnprozentige Lohnerhöhung. Sich für die Artenvielfalt im eigenen Viertel einzusetzen, zahlt sich also aus.

Weitere Vogelarten in unsere Umgebung zu locken schaffen wir, indem wir den Vögeln wieder mehr wildes Grün zur Verfügung stellen. Tierische Lebensräume in unseren Städten und Siedlungen zu schützen, sollte also in unserem ureigenen, ganz egoistischen menschlichen Interesse sein.

„Egal, ob Pirol oder Zilpzalp: Die Vögel, die da sind, sind immer die Richtigen.“

Fünf Sinne

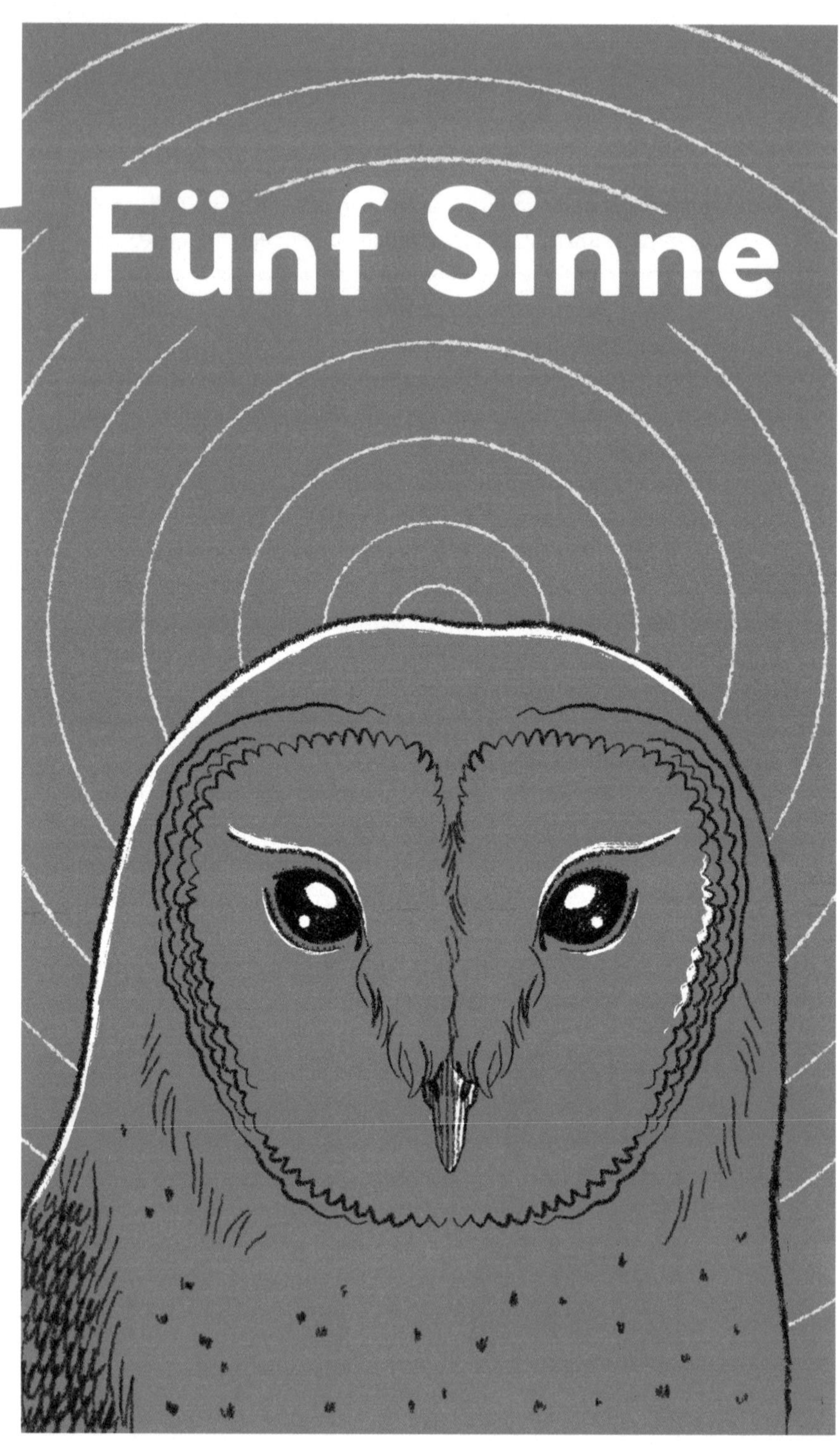

Ein Grund, warum wir uns Vögeln stärker verbunden fühlen als Fischen oder Nacktmullen (und überhaupt den meisten anderen Lebewesen, außer Primaten und unseren vierbeinigen Haustieren), ist, dass Vögel dieselben Sinne zu nutzen scheinen wie wir.

WIR ERWISCHEN SIE NICHT DABEI, dass sie an Bäumen schnüffeln oder sich durch die Dunkelheit tasten, sondern gehen davon aus, dass sie sich hauptsächlich auf ihre Augen und Ohren verlassen. Wir glauben, dass Vögel die Welt wahrnehmen, wie wir das tun.

Bei genauerer Betrachtung ist das eine ganz schön steile These. Selbst bei anderen Menschen wissen wir nicht sicher, ob deren Grün aussieht wie unseres. Wie viel unsicherer ist diese Annahme dann bei Wesen, die uns evolutionär so fern sind wie Vögel (unser letzter gemeinsamer Vorfahre lebte vor rund 315 Millionen Jahren). Aber was bleibt uns anderes übrig, als ihre Sinne mit unseren eigenen zu vergleichen? Schließlich sind das die einzigen, die wir nachvollziehen können. Das hat uns beim Verständnis davon, wie Vögel die Welt wahrnehmen, lange eingeschränkt und beschränkt uns bestimmt noch immer. Unsere Interpretation ihres Verhaltens oder der Dinge, die wir über sie herausfinden, bewegt sich in den engen Grenzen unserer eigenen Wahrnehmung.

Was uns mit den Vögeln verbindet, ist, dass weder sie noch wir wirklich direkt mit den Augen sehen oder mit den Ohren hören. Unsere Sinne nehmen die Reize nur auf und übermitteln sie an das Gehirn. Dort werden sie weiterverarbeitet und wir reagieren auf das, was um uns herum geschieht. Sowohl unser Verhalten als auch das der Vögel wird durch Sinneseindrücke gesteuert.

Ehrlich gesagt schummele ich in diesem Kapitel ein bisschen. Ich beschränke mich auf die klassischen fünf Sinne, die ich noch aus der Grundschule kenne und die auch schon die alten Griechen beschrieben haben: sehen, hören, riechen, schmecken, tasten. Inzwischen haben wir noch ein paar mehr Sinne entdeckt. Es gibt noch den Temperatursinn, das Schmerzempfinden, den Gleichgewichtssinn sowie Körperempfindungen wie z. B. Hunger, Durst und der Bewegungssinn. Diese Sinne haben Vögel auch, versprochen! Aber den Forschenden geht es da wohl wie mir: Die fünf klassischen sind ein bisschen spannender und deshalb besser erforscht.

Wie Vögel ihre Sinne nutzen, ist bei jeder Art ein bisschen unterschiedlich. Auch wir Menschen nutzen unsere Sinne anders als Hunde, Mäuse oder Schimpansen, obwohl wir alle zu den Säugetieren gehören. Haben wir bei einer Vogelart eine Idee davon bekommen, wie sie die Welt wahrnimmt, lässt sich dieses Wissen also nicht mal so eben auf alle Vögel übertragen. Das sollte uns aber nicht davon abhalten zu staunen.

Superkraft #5

Sehen

Die Frage, ob Vögel sehen können, stellt sich natürlich gar nicht. All diese schillernde Farbenpracht und auch die aufwändigen Balztänze wären ja Verschwendung, wenn Vögel diese Fülle nicht wahrnehmen könnten. Die Kombination aus Sehen und Hören ist für fast alle Vogelarten wichtig für die Balz und damit für die Fortpflanzung.

Vögel sind aber auch sonst auf ihre Augen angewiesen, um zu überleben. Sie benötigen ihren Sehsinn, um Futter zu finden, ihre Artgenossen, mögliche Konkurrenz oder Partner zu identifizieren und natürlich um Feinde zu erspähen. Ihre Augen sind wichtig, um beim Fliegen Zusammenstöße zu verhindern: Vögel sehen Beute, die gut getarnt oder blitzschnell ist und finden auch winzig kleine Insekten, für die wir ein

Unsere Filme sind für Vögel ein langsames Daumenkino!

Mikroskop brauchen. Sie haben eine bessere zeitliche Auflösung als wir, d.h. sie nehmen mehr Bilder pro Sekunde wahr. Unsere Spielfilme und Serien mit 24 Bildern pro Sekunde erscheinen für Vögel wahrscheinlich wie ziemlich langsames Daumenkino. Auch sind sie besonders gut darin, Bewegungen wahrzunehmen. Deshalb steigen unsere Chancen, dass Vögel sich wieder hervorwagen, wenn wir uns ganz still hinsetzten.

Vögel haben im Verhältnis zu ihrer Körpergröße sehr große Augen. Die meisten Vogelaugen sind doppelt so groß wie die der meisten Säugetiere. Ihre Augen sind sogar noch größer, als sie von außen scheinen und nehmen viel Platz im Kopf ein. Auch sind sie ziemlich schwer. Da ein größeres Auge aber auch tatsächlich besseres Sehen bedeutet, haben Vögel dafür quasi ihre Zähne eingetauscht. Ein guter Deal für sie.

Durchblick

Wie wir haben Vögel ein Ober- und ein Unterlid. Für das Schlafen klappen die meisten von ihnen allerdings nicht wie wir das obere Augenlid runter, sondern sie ziehen das obere Lid nach oben, um ihr Auge zu schließen. Augen sind für Vögel sogar so wichtig, dass sie noch ein drittes Augenlid haben, um sie zu schützen. Dieses dritte Augenlid (die sogenannte Nickhaut) sitzt innen oben im Auge und ist meist durchsichtig. Wenn sie ihre Nickhaut einsetzen, schließt sie das Auge von innen oben nach unten außen, also fast waagerecht vom Schnabel in Richtung Ohren. Vögel nutzen die Nickhaut als automatischen Scheibenwischer, um ihr Auge zu reinigen. Das geht so schnell, dass wir Menschen das oft gar nicht richtig wahrnehmen. Da sie diese Nickhaut sehr oft im Einsatz haben, halten wir sie immer mal wieder auf Fotos fest, aber nehmen sie dann meist eher als eine Unschärfe wahr.

Vögel können ihre Nickhaut auch als Schutzschild einsetzen. Dann ziehen sie sie im Flug über ihre Augen, um diese vor Parti-

Wenn Rabenkrähen mit der Nickhaut blinzeln, ist das meist viel zu schnell für unser menschliches Auge.

keln und vorm Austrocknen zu schützen. FISCHADLER schließen ihre Nickhaut, kurz bevor sie beim Jagen ins Wasser eintauchen, und RINGELTAUBEN schließen beim Picken nach Nahrung auf dem Boden ihre Nickhaut, damit sie keinen Staub ins Auge bekommen.

Scharfseher

Im Verhältnis zu ihrem restlichen Körper haben Greifvögel und Falken die zweitgrößten Augen unter den Landwirbeltieren und die größten im Vogelreich. Sie sehen damit auch auf große Entfernungen so scharf, dass die sprichwörtlichen Adleraugen nicht von ungefähr kommen. Eine Maus nehmen sie aus mehreren Hundert Metern Entfernung wahr. BUNTFALKEN, die amerikanischen Turmfalken, sehen ein zwei Millimeter großes Insekt aus 18 Meter Abstand. Wir Menschen sehen da schon nach drei Metern nichts mehr.

Ein Buntfalke sieht ein 2 mm großes Insekt aus 18 m Entfernung!

Möglich wird das durch die sogenannten Sehgruben. Das sind die Stellen im Auge, an denen die Auflösung und das Farbsehen maximal ist und die daher für besonders scharfes Sehen zuständig sind. Menschen und die allermeisten Vogelarten haben davon nur eine. Falken und Greifvögel haben davon zwei und sehen daher besonders scharf.

Aber weder Vögel noch wir sehen wirklich mit den Augen, sondern das eigentliche Sehen geschieht im Gehirn, wo die Sinneseindrücke aus dem Auge verarbeitet werden. Wenn sich **SPERBER** oder **WANDERFALKEN** mit Rekordgeschwindigkeit durch die Welt bewegen, dann geht das nur, weil sie diese Informationen auch ultraschnell im Hirn verarbeiten können.

Bunt deluxe

Wie wir haben Vögel auf der Netzhaut Sehzellen, die für die Hell-Dunkel-Wahrnehmung zuständig sind, die sogenannten Stäbchen, und Sehzellen, mit denen sie Farben sehen können, die sogenannten Zapfen. Menschen haben drei Zapfentypen, mit denen wir Rot, Grün und Blau wahrnehmen und so Millionen Farbvarianten unterscheiden können. Viele Vogelarten haben aber noch einen vierten Zapfentypen und damit ein zusätzliches Realtitätslevel freigeschal-

„Wir können uns noch nicht mal vorstellen, wie Vögel die Welt sehen!“

tet: Sie sehen im ultravioletten Bereich, also in einem Lichtwellenbereich, der für uns unsichtbar ist.

Bei allen Parallelen, die wir mit Vögeln haben, so sieht die Welt für Vögel höchstwahrscheinlich doch ganz anders aus als für uns. Da wir Lichtwellen im ultravioletten Bereich nicht wahrnehmen, können wir uns ihre Sicht der Welt noch nicht einmal vorstellen. Wahrscheinlich ist für sie alles noch bunter und kontrastreicher.

Neben dem zusätzlichen Zapfentypen gibt es noch einen weiteren Unterschied: Jeder Zapfen enthält einen Tropfen Öl, der ähnlich wie ein Filter auf einer Kameralinse funktioniert. Deshalb gehen wir davon aus, dass Vögel die Unterschiede zwischen zwei für uns ähnlichen Farben noch deutlicher sehen als wir, und so mehr und intensivere Farben wahrnehmen.

Ihre Fähigkeit, ultraviolettes Licht wahrzunehmen, hilft Vögeln auch bei der Nahrungssuche: Viele Samen reflektieren UV-Licht, sodass sie am Boden zielsicher zu erspähen sind. Wenn Beeren reifen, entwickeln sie eine Wachsschicht, die UV-Strahlen reflektiert. So

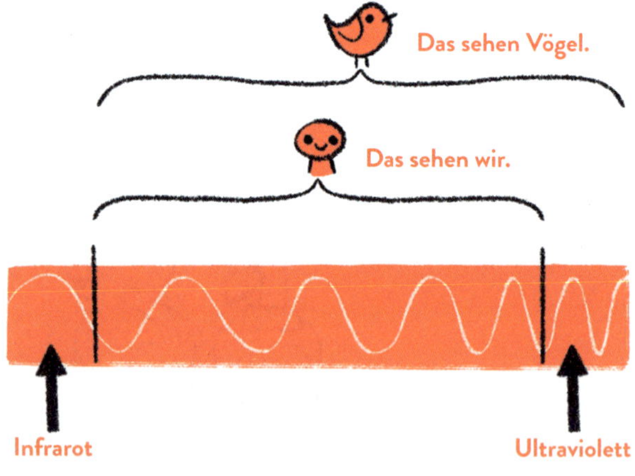

Wellen des Lichts

Pipispurenlesen im Flug

Auch TURMFALKEN sehen im ultravioletten Bereich. Sie nutzen diese Superkraft bei der Jagd. Ihr Hauptbeute sind Wühlmäuse, also Erd- und Feldmäuse. Wenn sie über eine Wiese mit dichtem Gras fliegen, erscheint es uns ziemlich unwahrscheinlich, dass sie darin von oben tatsächlich Mäuse erspähen können. Die graubraunen Nager sind ja eigentlich sehr gut getarnt. Sie legen allerdings eine verräterische Spur, die ihre Jäger direkt zu ihnen führt.
Mäuse haben die Angewohnheit, ihr Revier mit Urin zu markieren und pinkeln daher quasi im Laufen. Frischer Mäuseurin reflektiert UV-Licht.

Leuchtende Spuren

Aus der Luft können Turmfalken den Urin gut sehen und folgen einfach den leuchtenden Spuren, die ihre Beutetiere im Gras hinterlassen. Dann müssen sie nur noch abwarten, bis sich eine Maus sehen lässt, und zack! Mittagessen.

verstärkt sich der Kontrast zwischen den Beeren und den sie umgebenden Blättern, sodass Beeren für Vögel leichter als für uns zu finden sind. Da sich die Wachsschicht mit zunehmender Reife verstärkt, können Vögel sehen, wie reif die Beeren sind. Außerdem haben viele Insekten Körperschichten, die UV-Licht reflektieren. Grüne Raupen sind daher auf grünen Blättern gar nicht so gut getarnt wie es scheint.

Ultraviolettmeise

Wir wissen inzwischen, dass auch das Gefieder vieler Vögel ultraviolettes Licht reflektiert. Diese sehen dann also für Vögel, die UV-Licht wahrnehmen können, anders aus, als wir das glauben. Meistens wird aber nur ein Muster, das wir auch sehen können, verstärkt. Besonders extrem ist das bei BLAUMEISEN:

Während für uns Blaumeisenmännchen und -weibchen optisch sehr schwierig zu unterscheiden sind, ist das für die Blaumeisen selbst natürlich gar kein Problem: Ihr Gefieder hat ultraviolette Farbschattierungen, die wir nicht wahrnehmen. Da die Blaumeisen aber im ultravioletten Bereich sehen, sind für sie ihre Artgenossinnen nicht einfach nur blau und gelb, sondern sie sind verschieden gemustert. So sind für sie die Geschlechter deutlich zu unterscheiden. Gerne stelle ich mir vor, wie verblüfft die ersten Forschenden gewesen sein müssen, die das herausgefunden haben.

Diese coole Sehfähigkeit hilft den Weibchen, ein besonders schickes Männchen zur Paarung zu finden, denn der „blaue" Scheitel leuchtet bei gesunden Männchen besonders schön ultraviolett.

Rundumseher

Die meisten Vögel haben ihre Augen rechts und links am Kopf. Je nach Position der Augen können manche Arten gleichzeitig nach rechts, links, vorne und sehr weit nach hinten sehen, was rings um sie herum geschieht, ohne den Kopf drehen zu müssen. STADTTAUBEN haben so ein Blickfeld von mehr als 300 Grad. Das ist mega praktisch, weil ja auch überall Gefahren lauern. Da sich ihre Blickfelder aber nur wenig überlappen, können sie wohl nicht so gut räumlich sehen, denn für dreidimensionales Sehen mit Tiefenschärfe bräuchten sie zwei sich überlagernde Bilder.

drehen Eulen ihren Kopf.

EULEN hingegen haben ihre Augen (wie wir) vorne am Kopf. Von der äußeren Kopf- und Körperform her wirken sie uns Menschen von allen Vögeln am ähnlichsten. Wahrscheinlich schreiben wir ihnen deshalb so viele menschliche Eigenschaften zu und halten sie für weise.

und mehr ist das Blickfeld der Stadttauben.

Mit ihren nach vorne gerichteten Augen können Eulen auch prima räumlich sehen. Je weiter ihre Augen auseinanderliegen, desto besser. Allerdings können Eulen nicht so schön wie wir mit den Augen rollen oder jemanden aus den Augenwinkeln beäugen, denn ihre Augen sind röhrenförmig und unbeweglich. Da so ein eingeengtes Blickfeld ziemlich unpraktisch wäre, haben Eulen eine Möglichkeit, das zu kompensieren: Mit ihren 14 Halswirbeln können sie ihren Kopf um 270 Grad drehen und im 90-Grad-Winkel von oben nach unten bewegen.

Im Verhältnis zu ihrer Körpergröße haben Eulen sehr große Augen. Bei Dunkelheit weitet sich die schwarze Pupille der Augen so, dass nichts mehr von der gelben, orangen oder braunen Iris zu sehen ist. So sammeln sie besonders viel Licht mit ihren Augen ein. Mit dieser coolen Fähigkeit können die meisten Eulenarten auch noch sehr gut sehen, selbst wenn es für uns schon finsterste Nacht ist. Eulenaugen sind in der Regel viel lichtempfindlicher als menschliche Augen. Aber selbst diese Superaugen brauchen noch ein bisschen Restlicht, das sie verstärken können. Bei absoluter Dunkelheit sehen auch Eulen nichts.

Entgegen anders lautender Gerüchte können auch nachtaktive Eulen tagsüber, also bei Helligkeit, sehen. Das ist besonders praktisch für die Schneeeule am Polarkreis, wo es im Sommer 24 Stunden lang hell und im Winter nur dunkel ist. Aber auch bei uns gibt es Eulenarten, die tagsüber aktiv sind und jagen: der Sperlingskauz zum Beispiel. Der ist auch gar nicht so ein Superseher wie andere Eulen.

Die Augen von nachtaktiven Eulen sind zwar sehr lichtempfindlich, können aber nicht besonders scharf sehen. Da sind ihnen Greifvögel weit überlegen. Es ist so ähnlich wie bei einer Kamera: Je offener die Blende ist, also je mehr Licht in die Kamera einfallen kann, desto unschärfer wird das Bild. Je geschlossener die Blende ist, desto höher ist die Schärfe des Bildes. Eulen haben ihre Blende also eher geöffnet, um in der Nacht so viel Licht wie möglich einsammeln zu können. Greifvögel haben ihre Blende eher geschlossen, weil für sie die Schärfe des Bildes entscheidend ist.

Superkraft #6

Hören

Dass Vögel hören können, ist ja eigentlich auch klar, denn sonst würden sie ja nicht so laut singen oder auffliegen, wenn wir die Autotür zuknallen. Ihre Kommunikation läuft also auch akustisch. Aber womit Vögel hören, ist gar nicht so offensichtlich, denn schließlich haben sie keine sichtbaren Ohren am Kopf.

Es gibt zwar ein paar Arten mit vermeintlichen Federohren auf dem Kopf, wie Waldohreulen, Uhus oder Ohrenlerchen, aber diese „Ohren" sind keine Ohren, sondern dekorative Federbüschel. Sie drücken Stimmungen aus, kommen bei der Balz zum Einsatz und dienen der visuellen Kommunikation. Mit dem Hören haben sie nichts zu tun.

Vögel haben keine äußeren Ohrmuscheln, also das, was bei uns Menschen außen am Kopf sitzt. Die Ohröffnungen von Vögeln sind unter den Federn versteckt. Ohrmuscheln wären auch ziemlich unpraktisch beim Fliegen, weil sie die Aerodynamik stören und fiese

Weder Ohren noch Hörner: Die Ohrenlerche hat Federdeko auf dem Kopf.

Windgeräusche verursachen würden. Die aktuelle Forschung geht allerdings davon aus, dass die fehlenden Ohrmuscheln keine Anpassung ans Fliegen waren, sondern von Anfang an gefehlt haben – wie bei ihren Urahnen, den Dinosauriern. Die Ohren von Vögeln sind auch anders aufgebaut als unsere, aber sie können prima damit hören.

Sie nutzen ihr Gehör, um Fressfeinde zu entdecken, ihre Beute zu orten, aber auch um ihre Artgenossen zu erkennen und sie von anderen Vogelarten zu unterscheiden. Der Frequenzbereich, in dem Vögel hören, ist unserem ähnlich: Er reicht vom hohen Triller eines Wintergoldhähnchens bis zum dumpfen Rufen der Rohrdommel. Ihr eigenes Gehör ist am empfindlichsten in dem Frequenzbereich, in dem sie selbst Laute produzieren. Ihr Gehirn ist sehr gut darin, unwichtige Geräusche herauszufiltern und fokussiert zu hören. Die Haarzellen in ihren Ohren, die die Hörimpulse aufnehmen, stehen zehnmal dichter als bei uns Menschen.

Lauscher

Vögel sind auch sehr viel besser darin als wir, Töne auseinanderzuhalten. Der ZAUNKÖNIG ist nicht nur berühmt für seinen lauten, sondern auch für seinen schnellen Gesang. Er singt bis zu 36 Töne pro Sekunde.

Ich singe viel zu schnell für euch!

Das ist viel zu schnell für unsere Ohren und unser Gehirn. Wir können die einzelnen Töne nicht wahrnehmen, bei uns verschwimmen sie zu einem Ton. Andere Zaunkönige hingegen hören natürlich schon jeden einzelnen dieser in so kurzer Abfolge hintereinander gesungenen Töne. Sie nehmen den Gesang deutlich nuancenreicher wahr.

Vögel können auch Töne hören, die außerhalb unseres Hörbereichs liegen. Singvögel nehmen höhere Frequenzen wahr als wir und auch das leise Rascheln von Insekten unter Blättern oder unter der Erde. Die Warnrufe von Meisen und Drosseln sind teilweise in so einem hohen Frequenzbereich, dass ihre Feinde sie möglicherweise nicht hören können. In diesem Frequenzbereich ist die Lautquelle auch besonders schwer zu lokalisieren. Das macht es sicherer, die anderen vor dem Feind zu warnen.

Im Gegensatz zu uns haben Vögel einen riesigen Gehör-Vorteil: Ihre Hörzellen werden lebenslang ersetzt. Sie leiden also nie unter altersbedingter Schwerhörigkeit wie wir. Auch ihr eigener, teilweise sehr lauter Gesang schädigt ihr Gehör nicht: Beim Singen oder anderen lauten Geräuschen verschließen Vögel ihre Ohren mit Hautklappen. Zusätzlich verändert der geöffnete Schnabel die Spannung ihres Trommelfells. Während ihres Gesangs hören Vögel also schlechter.

Sie hören aber auch sonst nicht immer gleich gut: Das Hörvermögen vieler Vogelarten schwankt im Laufe des Jahres. Am empfindlichsten ist das Gehör aller Singvögel zur Brutzeit, also genau dann, wenn der Gesang am wichtigsten ist. Sowohl die Hörschärfe als auch die Verarbeitung der gehörten Laute im Gehirn laufen dann auf Hochtouren. Am Ende der Brutzeit schrumpfen die Bereiche im männlichen Vogelhirn, die für Gesang zuständig sind. So sparen sie Energie.

Individuell

Vogelohren sind natürlich viel geschulter auf die Stimmen anderer Vögel. Jedes Vogelindividuum hat eine individuelle Stimme und Vögel erkennen einander auch daran.

Das üben Vögel von klein auf. Hennen bringen ihren Hühnerküken bereits im Ei die Sprache der Hühner bei. Auch die Küken unterhalten sich schon im Ei miteinander, allerdings eher über Vibrationen als über Laute. Sie nehmen aber bereits Laute ihrer Umgebung wahr und geben diese Signale weiter. So verabreden sich beispielsweise REBHUHNKÜKEN mit ihren bis zu 20 Geschwistern in den anderen Eiern nach Absprache mit der Henne zu einem fast synchronen Schlupf am selben Tag. Megacool, oder?

So ist es auch kein Wunder, dass Küken und Eltern sich bereits direkt nach dem Schlüpfen an der Stimme erkennen. Besonders im Chaos einer Brutkolonie ist das wichtig, denn hier reicht es nicht, wenn die Vögel sich nur visuell orientieren, um ihren Partner oder ihren Nachwuchs wiederzufinden. In einer Kolonie rufen alle Vögel durcheinander und für menschliche Ohren herrscht dort nur ein ohrenbetäubender Lärm. Aber Vogelpaare sowie Eltern und ihr Nachwuchs erkennen einander an ihren individuellen Stimmen und finden so zueinander.

Bei den TROTTELLUMMEN auf Helgoland kann man die fast magische Anziehungskraft der elterlichen Rufe beobachten: Wenn die Jungen bereit sind, das Nest – oder sagen wir besser: den Felsvorsprung, auf dem sie geschlüpft sind – zu verlassen, fliegt Papa aufs Wasser runter und lockt das Mini zu sich. Todesmutig stürzt es sich dann vom Felsen hinab, findet rufend auf dem Meer seinen Papa wieder und folgt ihm auf die offene See. Dort verbringen sie noch einige Wochen gemeinsam, bis das Junge allein klarkommt. In großen Kolonien kann es auch mal passieren, dass in einer Nacht Tausende kleiner Trottellummen ins Meer springen. Deshalb ist es super wichtig, dass Vater und Junges sich akustisch erkennen können, um wieder zusammenzufinden. Gelingt dies nicht, muss das Küken sterben.

Vielseitig

Wenn wir Menschen an Vogelstimmen denken, dann denken wir häufig nur an den Gesang. Der ist zwar schön, aber die Rufe, mit denen Vögel kommunizieren, sind noch viel komplexer. Sie setzen ihre Stimmen auch dazu ein, um durch Kontaktrufe akustisch in Verbindung zu bleiben und um sich über alles Mögliche auszutauschen: Wo gibt's was zu futtern, welche Gefahren nähern sich woher und wie schnell. Sie teilen aber auch mit, wo sie sich grade aufhalten, was sie so machen und wie es ihnen so geht. Manche Arten teilen sich sogar ihre Absichten mit. Der Austausch unter Vögeln kann so komplex sein, dass sich Forschende sogar trauen, ihn bei einigen Arten als „Sprache" zu bezeichnen. Für uns gehen all diese coolen Informationen viel zu oft in einem allgemeinen Gepiepe unter.

Die Rufe der FLUSSSEESCHWALBEN zum Beispiel klingen für viele menschliche Ohren nach Kreischen. Aber ihre Schreie sind sehr variantenreich und transportieren viele unterschiedliche Informationen. Forschende unterscheiden u. a. bereits Alarmrufe, Drohschreie, Wutrufe, Angriffsrufe, Ankündigungsrufe, Fischrufe, Bettelrufe, Lockrufe und Kontaktrufe.

Auch die Laute der Jung-Schwalben sind gut zu unterscheiden. Sie signalisieren Stress, Angst, Aufregung, Hunger, Unterkühlung und fordern die Eltern auf, sie zu hudern, zu wärmen und zu füttern. Auch das einsame Weinen von verlassenen Flussseeschwalbenküken ist sehr markant.

Einen Ruf, den sogar wir Menschen im Alltag wahrnehmen und leicht lernen können, sind die Warnrufe der AMSEL. Sie unterschei-

Flussseeschwalben kreischen nicht, sie kommunizieren – und das ziemlich genau. Sie unterscheiden zwischen Alarm, Wut, Angriff, Ankündigungen, Locken, Betteln, Drohen, Kontakt halten …

den grob zwischen Gefahr aus der Luft und Gefahr vom Boden. Auch die anderen Vogelarten, die in der Nachbarschaft von Amseln leben, verstehen diese Warnungen und reagieren sofort. Bei Gesängen hingegen reagieren Vögel nur auf die ihrer eigenen Art.

Sowohl Rufe als auch Gesänge können wir Menschen mühsam lernen zu erkennen. Aber bei der nächsten Superfähigkeit haben wir keine Chance:

Supergehör

Um ein Vielfaches besser als die besthörenden Menschen und auch besser als die meisten anderen Vögel hören **SCHLEIEREULEN**. Ihre Ohren sind schlitzförmig und seitlich am Kopf unter ihrem Gefieder versteckt. Wie bei vielen Eulenarten sind sie asymmetrisch angeordnet, das heißt: Das eine Ohr sitzt etwas höher als das andere. So trifft der Schall versetzt auf die Ohren und hilft der Schleiereule dabei, die Quelle des Geräuschs ganz genau zu orten.

Zusätzlich helfen die Gesichtsfedern, der sogenannte Schleier, der Eule dabei, besser zu hören. Sie wirken wie ein großer Radar-

Die Gesichtsfedern der Schleiereule bilden zwei perfekte Schalltrichter.

Blindflug

Bei einem Test wurde eine SCHLEIEREULE in einen ihr bekannten Raum gesetzt, der mit trockenem Laub ausgestreut war. Dann wurde das Licht ausgeschaltet und im Stockfinsteren eine Maus freigelassen. Die Schleiereule fing sie sofort. Bei einem zweiten Versuch wurde der Boden mit Schaumstoff ausgelegt und der Maus ein raschelndes Blatt an den Schwanz gebunden. Diesmal steuerte die Schleiereule den Schwanz mit dem Blatt an, nicht die Maus. Das zeigt, dass sie sich komplett über ihr Gehör orientieren kann. Wenn Eulen so durch den finsteren Wald sausen, könnte man meinen, sie hätten ein Echolot wie Fledermäuse, um sich im Dunkeln zurechtzufinden. Diese coole Superkraft haben sie allerdings nicht, aber sie können sich sehr genau an die dreidimensionalen Strukturen ihres Reviers erinnern.

Standorttreu

Schleiereulen können also ganz nach Gehör im Stockdunkeln umherfliegen, ohne gegen Äste und Bäume zu stoßen oder auf dem Rückweg zum Nest neben den Kirchenglocken gegen einen Balken zu donnern. Das erklärt auch, warum nachtaktive Eulen so standorttreu sind.

schirm oder wie zwei gigantische Ohrmuscheln, indem sie Schallwellen auffangen, sie bis zum Zehnfachen verstärken und zu den Ohren leiten. Eulen können ihre Gesichtsfedern gezielt aufspreizen und so ausrichten, wie sie es grade benötigen. In der Mitte ihres Gesichts verläuft dabei eine Federlinie, die quasi als Schallschutzmauer verhindert, dass Schallwellen von der jeweils anderen Gesichtsseite herüberschwappen und das Hörbild stören.

Wie andere Eulen hören Schleiereulen besonders gut in dem Frequenzbereich, in dem ihre Beutetiere rascheln und piepsen. Andere Störgeräusche können sie prima wegfiltern und sich so nur auf das konzentrieren, was für sie wichtig ist. So brüten Schleiereulen auch mal in Kirchtürmen direkt neben den Glocken.

Schleiereulen verursachen beim Fliegen quasi gar keine Geräusche. Grund dafür ist eine spezielle Federstruktur, die das Fluggeräusch fast vollständig dämpft. Das ist einerseits wichtig, damit ihre eigenen Fluggeräusche nicht die Geräusche ihrer Beutetiere übertönen. Andererseits werden ihre Beutetiere so nicht vorgewarnt.

Es dauert einige Wochen, bis die Hörleistung von jungen Eulen voll entwickelt ist. Dass sie ab da nicht mehr abnehmen wird, ist sehr wichtig für Schleiereulen. Sie fliegen und jagen auch im Blindflug bei absoluter Dunkelheit.

Superkraft #7

Riechen

Lange glaubten die meisten Ornithologen allen Ernstes, dass Vögel nicht riechen können. Das lag wohl zum einen daran, dass wir Vögel nicht an allem Möglichen schnüffeln sehen oder sie schnuppernd einer Fährte folgen, wie Hunde das tun. Auch ist bei Vögeln keine Nase zu sehen und es schien schwer vorstellbar, dass Riechen ohne Nase möglich sein könnte.

Aber Vögel haben natürlich eine Nase, oder besser: einen Riechapparat: Am oberen Ende des Schnabels sitzen Schlitze, durch die Luft aufgenommen wird und unter denen sich der Riechapparat der

Vögel befindet. Der ist bei vielen Arten gut ausgebildet. Vögel setzen ihren Riechsinn dazu ein, Nahrung zu finden, sich zu orientieren, ihre Artgenossen zu unterscheiden und sich vor Feinden zu schützen.

Spürnase

Dass sich der Glaube an die geruchsblinden Vögel so hartnäckig hielt, lag auch an einem Mann – dafür machen wir mal kurz einen Abstecher in die USA: John James Audubon war ein Vogelmaler und Ornithologe, nach dem in den USA eine große Vogelschutzorganisation benannt ist. Audubon war davon überzeugt, dass Vögel sich nur optisch orientieren, weil jedes Wesen nur einen gut entwickelt Sinn haben könne. Und da das bei Vögeln ja offenbar die Augen seien, wollte er der Diskussion um den Geruch ein Ende bereiten. Also dachte er sich ein Experiment aus: Er legte im Jahr 1826 Schweinekadaver für TRUTHAHNGEIER aus, einmal offen und einmal

versteckt in einem Gebüsch. Die offen ausliegenden Schweinekadaver wurden schnell von den Geiern entdeckt und verspeist. Die versteckt liegenden ignorierten die Vögel. Ein eindeutiger Beweis, oder?

Nach diesem prominenten Experiment schien für Wissenschaftler wohl jede weitere Forschung zum Geruchssinn der Vögel sinnlos zu sein. Vereinzelt gab es Berichte über Vögel, die scheinbar gut riechen konnten, aber über einhundert Jahre lang war der Fall offiziell geklärt – bis die Biologin Betsy Bang noch einmal genauer hinschaute. In den 1960er Jahren erforschte sie die Gehirne von Vögeln und vermaß dabei die Riechkolben von über 100 Vogelarten. Sie fand heraus, dass die Region im Gehirn, die Geruchseindrücke verarbeitet, bei Vögeln sehr gut ausgeprägt ist. Daraus schloss sie, dass Geruch für viele Vogelarten sehr wohl eine wichtige Rolle spielen muss und sie gut riechen können, besonders Geier. Heute wissen wir: Sie hatte recht.

Wie sind aber Audubons Forschungsergebnisse zu erklären? Audubon war noch einem zweiten Irrglauben anheimgefallen: Er glaubte, Geier mögen bereits stark verwesende Kadaver. Für sie gibt es aber einen idealen Grad an Verwesung: nicht zu frisch, sondern leicht angegammelt, aber bitte nicht zu alt. In Audubons Experiment waren die Schweine, die er versteckt in die Büsche legte, wohl bereits zu lange tot, um für die Truthahngeier noch attraktiv zu sein. Was Audubon in Wahrheit beobachtet hatte, war also, dass Geier einen exzellenten Geruchssinn haben und bereits von Ferne zwischen „megalecker" und „nicht mehr genießbar" unterscheiden können. Aktuellere Versuche haben inzwischen gezeigt, dass sie Aas auch problemlos und zielsicher im dichten Wald finden, ohne es aus der Luft sehen zu können – wenn sie den Geruch attraktiv finden.

Geruchslandkarte

Vögel sammeln im Flug Geruchsinformationen und nutzen sie für die Navigation und die Orientierung. STADTTAUBEN und andere gezüchtete Tauben sind sehr häusliche Vögel. Sie haben einen ausge-

prägten Geruchssinn und ein gutes Erinnerungsvermögen für Düfte. Am liebsten sind sie zu Hause bei ihrer Familie. Freiwillig fliegen sie nicht weit weg. Wenn man sie gewaltsam von dort wegschafft und allein zu unserer menschlichen Unterhaltung fern der Heimat in einem unbekannten Gebiet aussetzt, finden sie trotzdem über große Entfernungen den Weg zurück. Auf ihrem Heimweg orientieren sie sich auch an Gerüchen.

Wir können uns das ungefähr so vorstellen: In ihrer Heimat sammeln Stadttauben alle Gerüche, die der Wind aus unterschiedlichen Richtungen zu ihnen trägt. Auch Flüge rund um ihr Nest helfen ihnen. Sie erstellen sich so eine Geruchslandkarte ihrer unmittelbaren Umwelt, aber auch darüber hinaus. An dieser imaginären Karte orientieren sie sich, wenn sie wieder nach Hause zurückfinden müssen.

Ist ihr Geruchssinn blockiert, sind Stadttauben desorientiert, machen häufig Pausen und brauchen so viel länger für den Heimflug.

„Fun Fact: Die Geruchsinformationen aus dem rechten Nasenloch spielen bei der Navigation eine wichtigere Rolle als die aus dem linken. Auch wir Menschen können mit dem rechten Nasenloch besser riechen als mit dem linken."

Duftmarke

Wie Vögel ihren Geruchsinn nutzen und wie sehr sie sich darauf verlassen, variiert von Art zu Art. Aber jeder Vogel hat seinen eigenen, individuellen Geruch oder Duft. Diese persönliche Duftmarke stammt aus dem öligen Sekret in der Bürzeldrüse des Vogels, die in der Nähe des Schwanzes liegt. Durch das tägliche Putzen wird dieses Sekret über den ganzen Vogel verteilt und reinigt nicht nur sein Gefieder, sondern macht es bei vielen Arten auch wasserfest.

Kein Vogel riecht wie der andere – dank Bürzelsekret.

Der individuelle Geruch hat Auswirkungen auf die Fortpflanzungschancen. Jeder Vogel duftet nicht nur individuell unterschiedlich. Bei vielen Arten gibt es auch Geruchsmerkmale, die auf „weiblich" und „männlich" hindeuten und bei denen sich während der Paarungszeit die chemische Zusammensetzung des Bürzelsekrets verändert. Es hat sich gezeigt, dass Männchen, die besonders

Fein säuberlich wird beim Putzen das Bürzelsekret auf jeder einzelnen Feder verteilt.

männlich riechen, und Weibchen, die besonders weiblich riechen, die besten Paarungschancen und die meisten Nachkommen haben.

Für Vögel ist der Eigengeruch auch wichtig, um ihre eigenen Verwandten zu erkennen. Versuche haben gezeigt, dass sie sich nur für Gerüche von potenziellen Partner:innen, aber nicht für die von engen Verwandten interessieren. Der Geruch von direkten Familienangehörigen und nahen Verwandten ähnelt sich. So verhindert der Eigengeruch, dass Inzucht entsteht. Diese Geruchsprägung auf Verwandte erfolgt vermutlich bereits in einer sehr frühen Phase im Ei, wenn der Geruch der Eltern durch die Eierschale dringt.

Der Duft aus dem Bürzelsekret dient auch dem Schutz des Nestes. Zur Brutzeit ist besonders viel eines bestimmten Geruchstoffes darin enthalten, der sehr langsam verdunstet und die Duftmarke des ganzen Nestes verändert. Besonders Bodenbrüter, die ja auch besonders stark durch Fressfeinde gefährdet sind, setzen diesen Duftstoff ein, um ihr Nest zu tarnen. Wenn beide Vogeleltern brüten, ist die Konzentration dieses Stoffes im Bürzelsekret bei beiden gleich hoch. Brütet das Weibchen hingegen allein, ist nur bei ihr der Anteil höher.

Auf der Hut

Ihren Geruchssinn nutzen einige Vogelarten offenbar auch, um Gefahren wie Fressfeinde zu erkennen. Deren Geruch nehmen sie auch noch wahr, wenn die Gefahrenquelle selbst schon gar nicht mehr vor Ort ist.

BLAUMEISEN brüten in dunklen Höhlen, z. B. auch in Nistkästen, bei denen die Sicht von innen nach außen und umgekehrt stark eingeschränkt ist. Mit ihrem Geruchssinn können Blaumeisen wahrnehmen, ob sich ein Feind wie ein Marder oder ein Wiesel in ihrer Höhle aufhält oder sich der Höhle nähert.

Bei einem Versuch fanden Forschende heraus, dass Blaumeiseneltern sich ihrem Nest nur sehr zögerlich nähern, wenn dort zuvor der Duft von Mardern versprüht wurde. Näherten sie sich dann doch, schauten sie zuerst vorsichtig in den Nistkasten hinein und

Grasschnüffler Weißstörche

Wenn im Sommer eine landwirtschaftliche Wiese gemäht wird, versammeln sich innerhalb von wenigen Minuten WEISSSTÖRCHE, die hinter den Landmaschinen herstolzieren. Für sie ist das ein Festmahl, denn durch die Mahd werden ihre Beutetiere, also Frösche, Schnecken und kleine Nagetiere, aufgescheucht und freigelegt. Sie finden dann keine Deckung mehr und die Weißstörche können sie ganz bequem einsammeln. Aber wo kommen all die Störche plötzlich her? Eine Studie hat gezeigt, dass sich schon kurz nach Beginn der Mahd die Weißstörche der Umgebung nach und nach auf den Weg machen, und zwar aus mehreren Kilometern Entfernung. Die weiter entfernten Störche brechen später auf als die, die näher am Ort des Geschehens sind.

Der Nase nach

Nur die Weißstörche fliegen los, die sich zu diesem Zeitpunkt in Windrichtung befinden. Weißstörche können also den Geruch von frisch geschnittenem Gras auch über Kilometer entfernt riechen, wenn der Wind ihnen diese Information zuträgt.

blieben bei der Fütterung auch viel kürzer im Kasten. Die Anzahl der Fütterungen ging dabei allerdings nicht zurück, sodass diese Vorsichtsmaßnahmen der Eltern das Gewicht und die Entwicklung des Nachwuchses nicht beeinträchtigte.

Die Forschenden untersuchten außerdem, ob Blaumeisen sich einfach grundsätzlich vor fremden Gerüchen fürchten und versprühten deshalb auch den Geruch von Wachteln im Nistkasten. Dieser Duft irritierte die Blaumeisen hingegen überhaupt nicht. Die Forschenden gehen daher davon aus, dass Blaumeisen den Geruch ihrer Feinde erkennen und entsprechende Vorsichtsmaßnahmen ergreifen können. Dieses Verhalten kann über Leben und Tod der Blaumeiseneltern entscheiden.

Superkraft #8

Schmecken

Wenn wir über den Geschmack von Essen reden, geht es meist um das große Ganze. Wir nehmen Geschmack als eine Mischung von verschiedenen Geschmacksrichtungen wahr. Ich habe in der Grundschule noch gelernt, dass wir Menschen vier Geschmacksrichtungen unterscheiden können und verschiedene Bereiche auf der Zunge für unterschiedliche Geschmäcker zuständig sind. Dieses Wissen war aber schon damals nicht mehr auf dem neuesten Stand: Menschen unterscheiden fünf Geschmacksrichtungen: süß, salzig, sauer, bitter und umami, was ich mal ganz unwissenschaftlich als herzhaft oder würzig übersetzen würde. Diese Geschmäcker nehmen wir über Rezeptoren wahr, die in unseren Geschmacksknospen sind. Die Geschmacksknospen sitzen überall auf der Zunge verteilt. Jede Geschmacksrichtung hat eine eigene Art von Rezeptor, aber alle Rezeptoren sind in jeder Geschmacksknospe vorhanden.

Obwohl Vögel auch Geschmacksknospen haben, läuft das mit dem Schmecken anders als bei uns. Bei den meisten Arten sitzen die Geschmacksknospen nicht auf der Zunge, sondern befinden sich am Gaumen und unter der Zunge. Auch an der Unterseite der Zun-

Beeren sind ein Festmahl für Amseln und liefern wichtige Energie.

ge sitzen bei einigen Vogelarten ein paar Geschmacksknospen. Tatsächlich nur „ein paar", weil es insgesamt nicht sehr viele sind. Wir Menschen haben 9.000 bis 10.000 Geschmacksknospen auf der Zunge, Vögel je nach Art so zwischen 50 und 400 im Mund verteilt. Die Anzahl der Geschmacksknospen sagt aber noch nichts über ihr Geschmacksempfinden aus, denn die Verarbeitung des Geschmackseindrucks geschieht im Gehirn.

Über den Geschmackssinn von Vögeln wissen wir noch relativ wenig. Lange wurde sogar bezweifelt, dass Vögel überhaupt schmecken können. Immerhin kauen sie nicht, sondern schlucken ihre Nahrung unzerkleinert runter. Dass Vögel einen Geschmackssinn haben und zwischen Geschmäckern unterscheiden können, ist aber sehr wichtig für sie. Es hilft ihnen, zwischen essbarer und giftiger Nahrung zu unterscheiden. Immer wieder konnte beobachtet werden, dass Vögel ihnen unbekannte, giftige Nahrung wieder ausspuckten bzw. fallen ließen, nachdem sie sie vorsichtig in den Schnabel genommen hatten.

Schärfe

Für einen Vogel kein Problem!

Es gibt etwas, das Vögel im Gegensatz zu uns nachweislich nicht schmecken können: Schärfe. Streng genommen ist Schärfe kein Geschmack, sondern wird bei uns über Schmerz- und Temperatursensoren im Mund als Hitze wahrgenommen. Und genau diese Sensoren haben Vögel nicht. Sie fressen daher unbekümmert Chilischoten und andere Paprikaarten, in denen der Wirkstoff Capsaicin für die Schärfe sorgt. Für diese Pflanzen hat das einen entscheidenden Vorteil: Vögel scheiden den Samen nach dem Verzehr unzerkaut und unverdaut wieder aus. Sie sind daher viel bessere Samenverteiler als wir Säugetiere.

Geschmacksneutral

Eigentlich ist es aber doch völlig offensichtlich, dass Vögel auch schmecken können, oder? Sonst würden doch nicht Jahr für Jahr Stare und Amseln in sämtliche Beerensträucher und Kirschbäume der Nachbarschaft einfallen. Sollte man meinen. Aber als dann zum ersten Mal das Genom von HÜHNERN entschlüsselt wurde, stellten die Forschenden fest, dass das Huhn keinen Rezeptor hat, um Süß schmecken zu können. Hühner nehmen Zucker nicht wahr.

Okay, na gut: Für ein Huhn, das gerne Körner frisst, ist das mit der Süße vielleicht auch nicht ganz so wichtig. Doch dann entschlüsselten Forschende das Genom von noch mehr Vögeln und bei allen fehlte der Rezeptor für Süß.

Weitere Forschungen zeigten, dass er ihnen im Laufe der Evolution schon ziemlich früh verloren gegangen ist. Da Vögel von fleischfressenden Dinosauriern abstammen, scheint diese Geschmacksrichtung für sie, wie für andere Fleischfresser, nicht sehr wichtig gewesen zu sein. Auch Katzen und Delfine können beispielsweise Süß nicht wahrnehmen. Anders als bei Vögeln ist bei ihnen der Süßrezeptor zwar grundsätzlich vorhanden, er ist aber kaputt.

Süßschnabel

Wie ist aber dann die Sache mit den Beeren zu erklären? Dieser Frage ist Maude Baldwin vom Max-Planck-Institut für biologische Intelligenz in Seewiesen nachgegangen. Gemeinsam mit anderen Forschenden aus der ganzen Welt hat sie herausgefunden, dass Singvögel Süßes schmecken können, obwohl sie dafür keinen Rezeptor haben: Sie haben den Geschmacksrezeptor für herzhaft umfunktioniert, sodass er auch auf Süß reagiert.

Und das ist schon lange her. Die Vorfahren unserer heutigen Singvögel stammen ursprünglich aus Australien. Da es dort viel Nektar und süßen Baumsaft für sie zu fressen gab, war es wohl ziemlich praktisch, diesen auch schmecken zu können. Mit nur einem Rezeptor nehmen sie seitdem beides wahr: süß und herzhaft. Diese Fähigkeit haben sich Singvögel bei ihrer Ausbreitung über die ganze Welt im Laufe der Jahrtausende erhalten.

Auch bei uns in Europa gab es ganz früher mal Nektarfresser, die bestimmt Süß schmecken konnten. 2012 wurde eins dieser Fossilien in der Grube Messel gefunden. Sein versteinerter Mageninhalt beweist, dass er schon vor 47 Millionen Jahren Nektar gesaugt hat. Verwandt mit den heutigen KOLIBRIS in Amerika ist er aber nicht. Kolibris ernähren sich hauptsächlich von Nektar und können ebenfalls Süß schmecken. Sie sind mit den Seglern verwandt, zu denen auch unser MAUERSEGLER gehört. Die können Süß nicht wahrnehmen. Kolibris haben sich ihren Sinn für Süßes also wieder nutzbar gemacht, ganz unabhängig von unseren modernen Singvögeln. Auch Kolibris können sowohl Süß als auch Herzhaft wahrnehmen.

Anders als Nektar enthalten die Früchte, die die Zucker schmeckenden Singvögel bei uns futtern, aber nicht nur Zucker und Wasser, sondern auch Fette und Proteine. Zucker ist also nicht zwangsläufig das Einzige, was Singvögel an Beeren interessant finden.

Aber nicht nur Singvögel und Kolibris können Süß schmecken: Erstaunlicherweise haben sich auch SPECHTE diese Fähigkeit zurückerobert. Das hat Maude Baldwin mit ihrer Kollegin Julia Cramer und anderen Forschenden in Tests herausgefunden. Dabei fanden Spechte Wasser, das entweder mit Aminosäuren (herzhaft) oder mit Zucker (süß) angereichert war, eindeutig leckerer als pures Wasser. Dass Spechte auch beide Geschmacksrichtungen wahrnehmen können, ist für sie ziemlich praktisch. Viele von ihnen ernähren sich neben Insekten auch von zuckerreichen Baumsäften, Nektar und Früchten. Selbst unsere heimischen Spechte, die sich hauptsächlich von Insekten ernähren, haben sich diese Fähigkeit bewahrt.

Herzhaftes

Wie das aber so ist, gibt es natürlich eine Ausnahme von der Regel. Und diese Rolle erfüllt in diesem Fall der WENDEHALS. Wendehälse gehören auch zur Familie der Spechte und ernähren sich fast ausschließlich von Ameisen. Die anderen Spechte in den Tests bevorzugten sowohl die Aminosäuren als auch den Zucker, schmecken also beides und fanden beides gleich lecker. Der Wendehals hin-

Nicht so süß wie er aussieht: Wendehälse schmecken keinen Zucker.

gegen fand den Geschmack von Zucker überhaupt nicht spannend, wohingegen ihm der herzhafte gut schmeckte.

Bei genetischen Untersuchungen zeigte sich, dass der Wendehals durch eine winzig kleine Veränderung am Rezeptor den Geschmack von Zucker in seiner Nahrung tatsächlich nicht mehr erkennen kann. Die Vorfahren der heutigen Spechte hatten also den Süß-Geschmack wieder zurückgewonnen und der Wendehals hat ihn dann spannenderweise wieder aufgegeben. Dabei hätte er das nicht zwangsläufig tun müssen: Es gibt Vogelarten, die ebenfalls nur Insekten fressen, aber trotzdem ihre Fähigkeit, Süßes zu schmecken, nicht verloren haben. Vielleicht war das für den Wendehals eine Art Tausch: Er reagiert stärker auf den herzhaften Geschmack als andere Spechte. Wahrscheinlich nimmt er ihn auch besonders intensiv wahr. Für uns schmecken Süß und Herzhaft ganz unterschiedlich. Für Vögel schmecken sie aber vielleicht gleich. Vielleicht nehmen sie auch alle Geschmäcker ganz anders wahr als wir.

Superkraft #9

Tasten

Auch der Tastsinn von Vögeln erschließt sich uns nicht auf den ersten Blick. Wir Menschen fühlen besonders viel über unsere Hände und überhaupt über unsere Haut. Von der ist bei Vögeln aber ziemlich wenig zu sehen. Es gibt sie natürlich trotzdem. Sie liegt unter ihren Federn verborgen und ist sehr dünn. Vögel haben sogar mehr Tastrezeptoren als Säugetiere in der Haut und flugfähige Vögel mehr als flugunfähige. Das weist darauf hin, dass die Tastrezeptoren wichtig beim Fliegen sind, z.B. um Luftströmungen und Temperaturen wahrzunehmen. Ihre Haut ist auch noch mit ein paar coolen Zusatzfeatures ausgestattet, doch dazu später. Erstmal zum Haupttastorgan der Vögel: ihrem Schnabel.

Präzisionsinstrument

So ein Vogelschnabel kommt uns im ersten Moment hart und unempfindlich vor, wie unsere Fingernägel vielleicht. Ein Schnabel muss ja auch einiges aushalten. SPECHTE benutzen ihn, um damit Löcher in Bäume zu hämmern, und KERNBEISSER können damit Kirschkerne aufknacken. Vögel nutzen ihren Schnabel als Werkzeug. Und doch ist er sehr feinfühlig und empfindsam. Er ist mit einem beeindruckenden Netzwerk aus Nervengewebe durchzogen, mit dem Vögel ihre Welt auch tastend wahrnehmen. Der Vogelschnabel ist also mit unserer Hand vergleichbar, die wir sowohl zur harten Faust ballen als auch zum Streicheln verwenden können.

Auch auf der Zunge haben viele Vögel Tastrezeptoren. Allerdings eher nicht auf der Zungenspitze, sondern meist weiter hinten. Eine Vogelzunge ist zwar nicht so schön beweglich wie unsere, aber manche Arten setzen sie auch als mechanisches Werkzeug ein. GRÜNSPECHTE fischen damit nach Ameisen und PAPAGEIEN nutzen sie, um Gegenstände zu untersuchen. Bei Spechten ist auch die Zungenspitze sehr empfindsam. Diese Feinfühligkeit von Schnabel und Zunge hilft aber auch BLAUMEISEN dabei, einen Sonnenblumenkern zu schälen oder STIEGLITZEN, die Samen aus Disteln zu pulen.

Mit Schnabel, Zunge und Füßen ist für Papageien fast jede Herausforderung zu lösen.

Gefiederpflege ist nur eine der vielen Aufgaben, für die Stockenten ihren Schnabel nutzen.

Bei STOCKENTEN ist die Schnabelspitze und auch der Rest des Schnabels sehr empfindsam. Überall sitzen Tastrezeptoren, die Informationen über alles sammeln, das mit dem Schnabel der Ente in Kontakt kommt. Besonders bei der Nahrungssuche ist das hilfreich. Stockenten gründeln kopfüber im oft trüben Wasser. Wenn sie dabei selbst noch Sedimente aufwirbeln, haben sie keine Chance sehen zu können, was genau da unter Wasser eigentlich passiert. Das macht aber nichts, denn diesen Job übernimmt ihr Schnabel für sie. Er verrät der Stockente, was da unter Wasser so los ist.

Bei der Nahrungssuche sammelt die Ente neben Teichwasser auch noch einen Schnabel voll Schlamm, Kies und Pflanzenteile ein. Eigentlich sind nur die Pflanzenteile spannend, aber der matschige Rest ist in der Regel mit dabei. Doch für eine Stockente ist das kein Problem: Ihr Schnabel hat am Rand feine Lamellen. Die helfen ihr, Essbares aus dem Wassermatsch in ihrem Schnabel zu filtern. Pflanzenteile bleiben hängen, alles andere lässt die Ente wieder ablaufen.

Ihre Tastrezeptoren und auch die Geschmacksknospen helfen der Stockente dabei, Kies von Fressbarem zu unterscheiden. Das ist ziemlich cool, denn wenn wir den Mund voll Kies und Müsli hätten, würden wir an dieser Sortieraktion wohl kläglich scheitern. Wir schaffen es ja noch nicht mal, ein Oreganostückchen in einem Mund voll Tomatensuppe zu lokalisieren, geschweige denn ein Haferkörnchen in einer Matschkiespampe.

Auch bei Watvögeln wie AUSTERNFISCHERN, GROSSEN BRACHVÖGELN oder den KNUTTS ist die Schnabelspitze sehr empfindsam und beweglich. Dort sitzen viele Nervenenden. So können die Vögel Würmer und Muscheln im Schlamm oder Sand erkennen und von Steinen unterscheiden. Praktischerweise nehmen sie aber nicht nur die Würmer oder Muscheln wahr, auf die sie mit dem Schnabel stoßen. Wenn sie im feuchten Sand stochern, fühlen sie auch kleinste Vibrationen dieser Lebewesen in ihrer Nähe und erzeugen selbst kleine Druckwellen. Wenn diese Wellen auf eine Muschel, einen Wurm oder ein anderes Hindernis treffen, bemerken die Vö-

Watvögel fühlen mit ihrem Schnabel genau, was sich im Boden versteckt.

gel diese Druckveränderung und wissen so, welche Beute sich rings um ihren Schnabel befindet. Eine Art Fernfühlung, mit der sie ihre Beute leicht finden. Durch schnelles, häufiges Stochern erhalten sie vermutlich ein dreidimensionales Bild des Untergrunds, auf dem sie stehen.

Wenn sie dann eine Muschel oder einen Wurm entdeckt haben, müssen Watvögel nicht ihren ganzen Schnabel mitten im Schlamm öffnen und jede Menge Sand schlucken, sondern sie öffnen nur die Spitze ihres langen Schnabels, um sich den Happs zu schnappen. Der Rest des Schnabels bleibt geschlossen. Cool, wa?

Putzen

Auch bei der Gefiederpflege kommen die Tastfähigkeiten des Schnabels zum Einsatz. So entfernen sich Vögel Zecken, Milben und andere lästige Krabbelviecher aus dem Gefieder und von der Haut. Sie pflegen aber nicht nur ihr eigenes Gefieder, sie putzen sich auch gegenseitig. Dabei werden besonders die Bereiche des Gefieders geputzt, die die Vögel selbst nicht erreichen können, wie am Kopf und am Hals. Die Gefiederpflege eines Artgenossen erfordert viel Feingefühl, damit sie sich nicht aus Versehen gegenseitig ein Auge ausstechen oder sonst irgendwie verletzen. Die Tastrezeptoren helfen dem Vogel dabei zu beurteilen, wie viel Druck er mit seinem Schnabel auf den Artgenossen ausübt. Dieses gegenseitige Putzen hat natürlich hygienische Gründe. Wer will sich schon bei seinem Brutpartner wieder irgendwelche Krabbelviecher holen, die man sich selbst grade mühsam aus den Federn gepflückt hat? Es vermindert aber auch Stress. Eine Studie mit KOLKRABEN hat gezeigt, dass die Individuen, die häufig geputzt werden, weniger Stresshormon Cortisol im Blut haben. Auch bei uns Menschen und anderen Säugetieren hilft Körperkontakt zu nahestehenden Artgenoss:innen beim Stressabbau.

Superfedern

Wie unsere Haut weist auch die Haut von Vögeln viele Rezeptoren auf, die empfindlich auf Druck, Schmerz und Bewegung reagieren. Vögel haben aber noch etwas Cooles, das ihren Tastsinn unterstützt: Superfedern.

Vögel haben verschiedene Arten von Federn. Zum einen gibt es Kontur- und Flugfedern. Das sind die festen, schicken Außenfedern. Dann sind da noch Dunen, die weichen Unterfedern. Sie helfen Vögeln, ihre Körpertemperatur zu halten. Halbdunen liegen irgendwo dazwischen. Und dann gibt es noch diese Superfedern: Borstenfedern und Fadenfedern. Die helfen Vögeln beim Fühlen.

Borstenfedern wachsen oft im Gesicht und an den Füßen. Dort arbeiten sie als Tastorgane und liefern dem Vogel wichtige Informa-

Die Ringeltaube sortiert jede Feder genau an ihren Platz.

tionen über seine Umwelt. In der Nähe des Schnabels geben sie wie Schnurrhaare Informationen aus der Umgebung weiter und helfen so auch beim Insektenfang.

Fadenfedern sitzen an der Basis einer Flug- und Konturfeder. Bei manchen Vögeln ragen diese Federn sogar über die Konturfedern hinaus und sind von außen sichtbar. Meistens bleiben sie aber versteckt unten im Gefieder. Ihr Job ist es, die Position der größeren Federn zu überwachen. Da sie sehr empfindlich sind, melden sie Berührungen an das Gehirn. So weiß der Vogel, dass er sein Gefieder wieder in Ordnung bringen muss oder wie stark grade der Wind weht.

Wunderorgan

Dass die Haut von Vögeln empfindlich ist, ist auch beim Brüten hilfreich. Wenn ein brütender Vogel sich einfach auf die Eier plumpsen lassen würde, könnten diese sehr schnell zerbrechen. Aber die Gefahr besteht in der Regel nicht, denn die Elternvögel fühlen ihre Eier genau. Während der Brutzeit haben sie einen Bereich auf Brust und Bauch, in dem die Federn ausfallen, und der sehr gut durchblutet ist. Dieser kahle Fleck wird Brutfleck genannt und er hilft den Vogeleltern dabei, die Temperatur der Eier zu regulieren.

Diese müssen zwar nicht konstant die gleiche Temperatur haben, aber dürfen nicht überhitzen oder zu stark auskühlen, sonst entwickeln sich die Embryonen nicht richtig. Dass die brütenden Vögel zwischendurch auch mal das Nest verlassen, um zu fressen, ist kein Problem. Mindestens genauso gefährlich wie Unterkühlung ist die Überhitzung. Ein Wärmestau unter dem brütenden Vogel wäre fatal für die Minis. Der Brutfleck ist aber ein Wunderorgan, dessen Temperatur unabhängig von der restlichen Körpertemperatur des Elternvogels gesteuert werden kann. Dafür wird einfach die Durchblutung in diesem Bereich verändert und dadurch die Bruttemperatur entsprechend erhöht oder gesenkt. Die Natur hat wirklich an alles gedacht.

Superkraft
#10
Der
6. Sinn

Zweimal im Jahr machen sich viele Vogelarten auf der ganzen Welt auf lange Reisen: Sie ziehen von ihren Wintergebieten in die Brutgebiete und ein paar Monate später wieder zurück.

DABEI ÜBERWINDEN SIE AUS EIGENER KRAFT aberwitzige Entfernungen von Tausenden Kilometern, manche, wie die Pfuhlschnepfe, sogar nonstop am Stück ohne zwischenzulanden und Pause zu machen. Sie fliegen zielsicher über Meere, Wüsten und Kontinente und finden punktgenau zurück an ihren Brutplatz.

Die Leistungen, die Vögel auf diesem Zug vollbringen, lassen sich mit den fünf bisher beschriebenen Sinnen nicht erklären. Schon relativ früh kam man deshalb darauf, dass Vögel noch einen anderen Sinn haben, um den Herausforderungen des Vogelzugs zu begegnen: den 6. Sinn.

Streng genommen beschreibt der 6. Sinn den Magnetsinn der Vögel, eine echte Superkraft. Aber um diese krasse Orientierungsleistung auf dem Zug vollbringen zu können, gehören noch andere faszinierende Fähigkeiten dazu: Manche Vögel schlüpfen bereits mit dem Wissen um die richtige Zugrichtung aus dem Ei, navigieren anhand der Gestirne und des Erdmagnetfelds; sie sammeln visuelle, akustische, geruchliche Eindrücke und legen sich mit deren Hilfe verlässliche und flexible Karten an, die sie auch mehrere Jahre später nutzen können.

Die dreidimensionale Orientierung von Vögeln ist ein komplexes Zusammenspiel von Fähigkeiten, von denen wir heutigen Menschen nur träumen können. Wir wissen darüber inzwischen zwar schon viel, aber einiges verstehen wir auch noch nicht. Unser aktuelles Halbwissen über den Zug der Vögel ist auch noch sehr neu. Wir verdanken es vor allem der modernen Technik.

„Diese Orientierungsleistung der Vögel auf dem Zugweg ist unvorstellbar!“

Früher war das Naturphänomen des Vogelzugs nicht erklärbar. Die Menschen beobachteten nur, dass Vögel im Herbst verschwanden und im Frühjahr wieder auftauchten. Was mit ihnen in der Zwischenzeit passierte, konnten die Menschen damals nur spekulieren und Schlussfolgerung aus dem ziehen, was sie sahen.

Vogelzug

Das Phänomen der verschwindenden und wiederauftauchenden Vögel wurde wohl schon immer beobachtet und bereits vor langem beschrieben. Vor über 2.000 Jahren stellte Aristoteles in seiner „Geschichte des Tierreichs“ die Theorie auf, dass Vögel Winterschlaf halten: Schwalben verbrächten den Winter im Schlamm von großen Gewässern und Störche überwinterten in hohlen Stämmen von großen Bäumen. Weitere Theorien gingen davon aus, dass bestimmte Vogelarten wohl zum Mond fliegen müssten – geschätzte Reisezeit dank des fehlenden Luftwiderstands: vier Wochen – und sich in andere Vogelarten (Gartenrotschwänze in Rotkehlchen) oder andere Tierarten (Mäuse) verwandeln.

Verstehen lernen

Aus heutiger Sicht mag uns das amüsant erscheinen, aber auf Basis des damaligen Wissens waren diese Schlussfolgerungen durchaus plausibel: SCHWALBEN fliegen bei der Nahrungssuche dicht über die Wasseroberfläche von Seen und sammeln sich am Ufer im Schilf, bevor sie gemeinsam weiterfliegen; Mäuse suchen im Winter die Nähe des Menschen und seiner Nahrung und scheinen dadurch mehr zu werden; GARTENROTSCHWÄNZE ziehen im Herbst weg, ROTKEHLCHEN aus dem Norden kommen hinzu.

So hielten sich Aristoteles' Thesen erstaunlich lange, obwohl es auch Zweifel an ihnen gab. So band Johann Leonhard Frisch 1724 Schwalben farbige Bänder an die Beine. Seiner Theorie nach, müsste sich die Farbe auflösen, wenn die Schwalben den Winter über im Wasser verbrächten. Als sie mit farbigen Bändern zurückkehrten, schloss er, dass sie ihren Winter im Süden verbringen.

Diese Überzeugung setzte sich jedoch nicht so richtig durch. Selbst Carl von Linné, der Urvater unserer modernen Artenbenennung, wiederholte in seinem 1757 erschienenen Buch „Der Zug der Vögel" die Unter-Wasser-Überwinterungstheorie.

Zweifel daran und realistischere Theorien gab es durchaus und auch am naturwissenschaftlichen Interesse mangelte es nicht. Die zur Verfügung stehenden Werkzeuge waren jedoch hauptsächlich das Beobachten und die Deutung dieser Beobachtungen. So wurde beispielsweise Ende des 19. Jahrhunderts akribisch notiert, welche Vögel wann auf Helgoland durchzogen. Woher sie kamen und wohin sie weiterflogen, konnte so jedoch nicht bewiesen werden.

Nach und nach entstand ein Grundverständnis für die wahre Ursache des jährlichen Verschwindens der Vögel. So richtig wissenschaftlich wurde die Vogelzugforschung, als der Däne Hans Christian Cornelius Mortensen 1899 damit begann, Vögel systematisch mit Aluminiumringen zu markieren, in die er eine fortlaufende Nummer und seinen Heimatort gestanzt hatte. So konnten Individuen eindeutig wiedererkannt und ihre Bewegungen nachverfolgt werden.

Der Rostocker Pfeilstorch

1822 tauchte in der Nähe von Klütz zwischen Lübeck und Wismar ein WEISSSTORCH mit einem langen Holzstab im Hals auf, der sich schnell zum vielbestaunten Publikumsmagneten entwickelte. Um die allgemeine Neugier zu befriedigen, wurde der Storch erschossen.

Anschließend wurde er mit dem Stab in seinem Hals präpariert. Es stellte sich heraus, dass es sich bei dem Stab um einen Speer aus Ostafrika handelte. Dieser „Rostocker Pfeilstorch" gilt damit als einer der ersten offiziellen Beweise für den Vogelzug.

Spitzenleistung

Schon allein die Tatsache, dass ein Vogel aus eigener Kraft den weiten Weg von Afrika bis Europa fliegt, ist eine Spitzenleistung. Dass er das auch mit so etwas Großem, Sperrigem, Schwerem wie einem Speer in seinem Hals schafft, finde ich doppelt beeindruckend.

Dieses Verfahren der Vogelberingung wurde ab da weltweit von anderen übernommen und schnell wurden spektakuläre Wiederfunde gemeldet: ein dänischer STAR wurde in Norwegen abgeschossen, eine RAUCHSCHWALBE aus England wurde in Südafrika gefunden, ein WEISSSTORCH wurde vier Tage nach Verlassen seines mitteldeutschen Brutgebiets in Spanien erlegt.

Auch über hundert Jahre später machen wir das mit der Beringung noch ungefähr so und verstehen immer besser, wie die Vögel wann wohin ziehen. Dafür müssen heutzutage zum Glück keine mehr getötet werden. Neben der Beringung, bei der die Vögel vorsichtig eingefangen, mit einem passenden, eindeutig nummerierten Ring versehen und hinterher wieder freigelassen werden, können wir sie auch mit der Hilfe moderner Technik erforschen. Dafür wird seit den 1990er Jahren an ausgewählten Vögeln ein kleiner Sender angebracht, der ihre Zugbewegungen entweder aufzeichnet oder direkt übermittelt.

Obwohl natürlich sowohl die Ringe als auch besonders die Sender die aerodynamischen Flugeigenschaften der Vögel verändern und ihnen bestimmt den Flug erschweren, haben wir dadurch Wichtiges und Beeindruckendes herausgefunden.

Pionier

WEISSSTÖRCHE sind sehr groß und damit gut zu sehen. Sie kehren jedes Jahr wieder zu ihrem Nest zurück, das sie bei uns in Mitteleuropa praktischerweise in Menschennähe bauen. Deshalb wurden Weißstörche ungewollt zu Pionieren der Vogelzugforschung. Sie waren mit die ersten Vögel, die beringt wurden. Da bei ihnen auch Ringe angelegt werden können, die von Ferne mit dem Fernglas ablesbar sind, konnte ihr Zugverhalten detailliert erfasst werden.

Gut 90 Jahre nach der ersten Beringung wurden im Jahr 1991 Weißstörche als eine der ersten Vogelarten besendert und mithilfe von Satelliten-Telemetrie auf dem Zug verfolgt. Da die Sender am Anfang noch ziemlich groß und schwer waren, kamen dafür damals

Die ersten Vögel trugen Aluminiumringe und waren so individuell erkennbar.

nur wenige Arten infrage. Die damit gewonnenen Messdaten bestätigten und verfeinerten das grobe Bild, das es durch die Beringung schon vom Storchenzug gab.

Durch Deutschland verläuft eine sogenannte Zugscheide. Weißstörche, die in Deutschland brüten, ziehen hauptsächlich auf zwei Zugrouten nach Afrika: Diejenigen, die in Süd- und Westdeutschland brüten, ziehen über eine südwestliche Route über Spanien und die Straße von Gibraltar nach Westafrika. Weißstörche, die in Ostdeutschland brüten, ziehen über eine südöstliche Route über die Türkei und den Bosporus bis hinunter ins südliche Afrika. Seitdem die Forschenden auch genaue Daten der Sender bekommen, wissen wir außerdem, dass die Wintergebiete nicht ganz strikt voneinander geteilt sind und sich Störche beider Zugtraditionen in Zentralafrika treffen.

Weißstörche sind Gleitflieger und auf die Thermik angewiesen. Sie vermeiden es daher, übers offene Meer zu fliegen und bevorzugen die Meerengen von Bosporus und Gibraltar. Viele, die die Westroute nutzen, fliegen aber inzwischen nicht mehr bis nach Afrika, sondern bleiben in Südwesteuropa und überwintern dort. Außerdem gibt es auch schon Weißstörche, die ihre Winter in Mitteleuropa verbringen.

Die ersten Weißstörche trugen Sender und lieferten so Daten ihres Zugwegs.

Es ist aber nicht so, dass die ganze Familie gemeinsam zu ihrer Reise in den Süden aufbricht: Jungvögel starten vor den Altvögeln und auch das Brutpaar zieht nicht gemeinsam. Unterwegs schließen sie sich locker mit anderen Weißstörchen zusammen, wenn sich das ergibt. Wenn alles gut geht, kehren die Altvögel im folgenden Jahr einzeln und einige Tage ver-

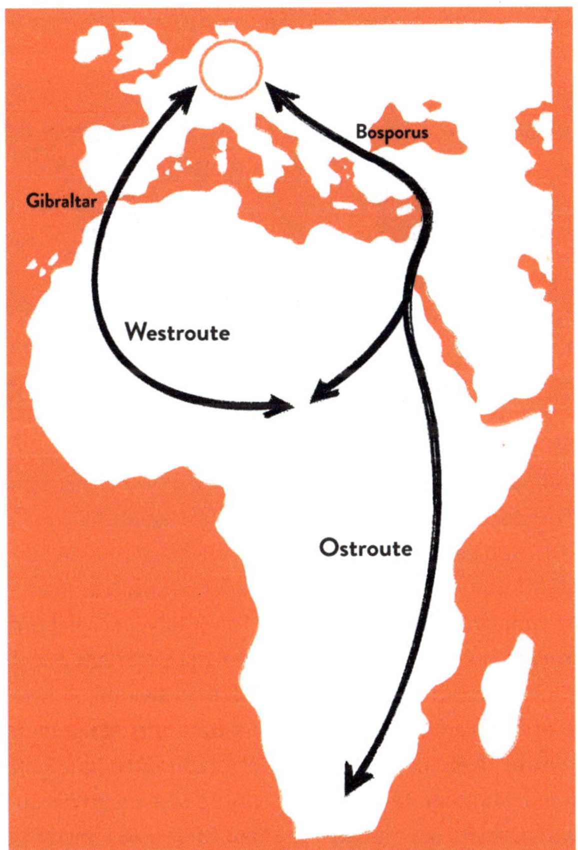

Die beiden Hauptzugrouten der deutschen Weißstörche.

setzt in ihren Horst zurück. Die Jungvögel hingegen kehren erst in ihre Brutgebiete zurück, wenn sie im Alter von drei bis vier Jahren geschlechtsreif sind.

Anderszieher

Genau wie die jungen Weißstörche ziehen auch viele Singvögel allein und verlassen ohne elterliche Führung das Brutgebiet, in dem sie geboren wurden. Viele von ihnen ziehen bevorzugt nachts.

Spätestens beim Landeanflug lösen Kraniche ihre V-Formation auf.

KRANICHE machen das ganz anders. Die Jungvögel folgen ihren Eltern. Im Familienverband sammeln sie sich auf dem Zug mit Tausenden anderen Kranichen an zentralen Rastgebieten, wo sie sich Energiereserven anfressen, und von denen aus sie gemeinsam in großen Gruppen weiterziehen. Sie fliegen in V-förmiger Keilformation über den Himmel. Diese Formation hilft ihnen, 20 bis 30 Prozent Energie zu sparen. Sie machen das aber nicht wie Fahrradfahrende, die im Windschatten des anderen fahren, sondern sie fliegen leicht versetzt. Durch ihre Flügelschläge entsteht ein Aufwind, der sich als Wirbel oder Sinuswelle hinter dem Vogel fortsetzt. Der folgende Vogel braucht dann nur noch die Distanz und auch seinen Flügelschlag genau auf den vorausfliegenden Vogel ausrichten und schon surft er auf der Welle mit. Ganz so leicht und perfekt klappt das unterwegs natürlich nicht immer.

Aber auch Kraniche fliegen nicht kreuz und quer auf breiter Front über uns hinweg, sondern reisen auf festen Routen in sogenannten Zugkorridoren. Diese Wege lernen die Jungvögel auf ihrem ersten Zug von den erfahrenen Altvögeln.

Alleinzieher

Ein Extremfall unter den Alleinziehern ist der KUCKUCK. Er zieht sozusagen mutterseelenallein, denn er kennt seine biologischen Eltern nicht einmal. Das Kuckucksweibchen legt sein Ei heimlich in das Nest einer anderen Vogelart, die dieses Kuckuckskind dann großzieht. Das Kuckuckskind lernt dadurch weder seine Eltern noch andere Kuckucksjungen kennen. Manchmal werden die jungen Kuckucke auch von Arten großgezogen, die selbst gar nicht ziehen.

Wenn das Kuckucksjunge groß – oder sagen wir besser: alt genug ist, macht es sich im September ganz allein auf den Weg nach Afrika. Es startet erst einige Wochen nachdem die erwachsenen Kuckucke bereits das Brutgebiet verlassen haben. Aber auch die jungen Kuckucke finden in ihr Winterquartier in Afrika.

Sie fliegen also einfach so los, ohne dass ihnen jemand Bescheid gesagt oder ihnen gar den Weg gezeigt hätte. Das ist doch erstaunlich. Sowohl Zugrichtung als auch Ziel und Reisezeitpunkt scheinen bei Kuckucken genetisch einprogrammiert zu sein.

„Viele Jungvögel ziehen einfach los, ohne dass ihnen jemand den Weg gezeigt hat."

Planlos

Ganz anders war das Zugverhalten des WALDRAPPS. Aber dafür muss ich kurz ausholen: Waldrappe gab es bis ins 17. Jahrhundert in Mitteleuropa, doch dann wurden sie durch Überjagung bei uns vollständig ausgerottet. Sie gerieten in Vergessenheit und galten lange nur noch als mystische Fabelwesen. Auch im Rest der Welt waren sie fast komplett verschwunden.

Nach ihrer Ausrottung kehren Waldrappe jetzt zurück.

Aus Überlieferungen wissen wir, dass die Waldrappe in Europa Zugvögel waren. Außer in Zoos und betreuten Gruppen, die mindestens im Winter in Volieren leben, hat nur in Marokko eine wildlebende Kolonie überlebt. Und die Vögel in dieser Kolonie ziehen nicht.

Bei Freiflugforschungen mit in Gefangenschaft geborenen Waldrappen in Österreich stellte sich jedoch heraus, dass die Waldrappe den Zugtrieb nicht verloren hatten, obwohl sie so viele Generationen lang in Gefangenschaft gelebt hatten. Zur Zugzeit im August wurden sie tatsächlich unruhig und flogen los. Sie flogen allerdings unkoordiniert und einzeln in verschiedene Richtungen. Die Zugmotivation trugen sie ganz offensichtlich noch in sich. Sie wussten nur nicht, in welche Richtung sie fliegen sollten.

Wie Kraniche und andere großen Zugvögel ziehen Waldrappe in Gemeinschaft. Sie lernen die Zugrouten von ihren Eltern und anderen erfahrenen Waldrappen während des Zugs kennen. Theoretisch zumindest, denn Anfang dieses Jahrhunderts war kein freilebender Waldrapp mehr da, der den Jungvögeln den Weg ins Winterquartier hätte zeigen können. Ein echtes Problem, wenn man Waldrappe in Europa auswildern und langfristig wieder ansiedeln will. Oder sagen wir: eine logistische Herausforderung.

Inspiriert durch einen Kinofilm über die Auswilderung von Gänsen probierte der Verhaltensbiologe Johannes Fritz aus wissen-

Waldrappe und Zieheltern auf ihrer gemeinsamen Reise ins Winterquartier.

schaftlichem Interesse ab 2001 erstmals aus, ob es möglich sein würde, junge Waldrappe so an menschliche Zieheltern zu binden, dass sie ihnen auch in einem offenen Fluggerät folgen würden. Und tatsächlich funktionierte es.

Durch dieses geglückte Experiment wurde die Wiederansiedlung des Waldrapps in Europa möglich, an der das Waldrappteam nun arbeitet: Junge Waldrappküken werden nach dem Schlupf im Alter von wenigen Tagen aus Nestern in Zoos entnommen. Zwei Mitarbeitende des Projekts ziehen als menschliche Zieheltern die Küken von Hand auf und verbringen viele, viele Stunden, Tage und Wochen mit ihnen, um sie auf sich zu prägen. In einem Trainingscamp bekommen die Vögel Flugtraining und lernen, dem offenen Fluggerät zu folgen, in dem die Zieheltern sitzen. Dabei handelt es sich um ein motorbetriebenes Ultraleichtflugzeug mit einem riesigen Paraschirm. Wenn im August bei den jungen Waldrappen die Zugunruhe einsetzt, starten die Zieheltern gemeinsam mit ihnen auf eine 1.000 bis 2.300 Kilometer lange Reise in die Wintergebiete. Sie führen die Vögel in zwei bis sechs Wochen über die Alpen in die Toskana oder an den Alpen entlang quer durch Spanien bis nach Andalusien.

Der gemeinsame Zug bietet auch die Möglichkeit, ihr Flugverhalten weiter zu erforschen. Waldrappe sind Generalisten des Vogelflugs. Sie können sehr gut in V-Formation fliegen. Das machen sie besonders bei ruhigen Windverhältnissen. Sobald aber thermische Aufwinde entstehen, lösen sie die Formation auf, steigen kreisend in der Thermik auf und lassen sich ganz entspannt wieder herabsegeln. So verbrauchen sie nur anderthalbmal so viel Energie wie im Ruhezustand. Für die menschlichen Piloten ist dieses Thermikfliegen in Waldrappbegleitung aber eine echte Herausforderung.

Nach ihrer Ankunft in der Toskana werden die jungen Waldrappe ausgewildert und starten in ihr freies Leben. Sie verbringen in der Regel die ersten Jahre bis zur Geschlechtsreife südlich der Alpen, bis der spannende Moment des Heimflugs kommt: In ihrem dritten Lebensjahr machen sie sich allein auf die Reise und finden selbstständig zurück in die Gegend, in der sie aufgezogen wurden – obwohl sie den Weg nur einmal vor mehreren Jahren gezeigt bekommen haben. Sie fliegen auch nicht etwa auf demselben Weg zurück, den sie in Begleitung ihrer menschlichen Zieheltern kennengelernt haben, sondern nehmen direktere Routen und kommen dadurch viel schneller ans Ziel.

Wenn alles gut geht, brüten die geselligen Waldrappe dann in einer Kolonie in der Region, in der sie aufgewachsen sind, und zeigen ihrem eigenen Nachwuchs im Herbst den Weg in den Süden.

Orientierung

Es gibt also verschiedene Wege, wie Vögel zu ihren Zug-Informationen kommen: Die Wege lernen sie oder sie liegen in ihren Genen. Häufig ergänzen sich beide.

Heute gehen wir davon aus, dass die Zugrichtung bei vielen Vögeln angeboren ist bzw. von den Eltern genetisch vererbt wird. Auch der Drang zu ziehen, die Zugunruhe, wird in vielen Fällen geerbt. Durch eigene Zugerfahrungen und auch durch soziale Interaktion mit Artgenoss:innen können diese ererbten Informationen ergänzt und auch überlagert werden. Erfahrene Vögel können sich also an ihre Winter- und Brutgebiete erinnern und sie gezielt ansteuern.

Vögel ziehen nicht nur Tausende Kilometer quer über Kontinente, sondern viele von ihnen steuern am Ende auch genau das Nest oder die Kolonie an, wo sie im letzten Jahr bereits gebrütet haben oder in der sie geboren wurden. Sie benötigen also einerseits eine grobe Richtungsorientierung, wie sie unser Kompass liefert, und andererseits eine genaue Zielorientierung, wie sie ein Navi oder eine Straßenkarte ermöglicht. Vögel müssen so etwas wie eine erlernte Karte im Kopf haben. Mit deren Hilfe schaffen es z.B. Mehl- und Rauchschwalben ganz präzise zu dem Ort zurückzufinden, an dem sie im letzten Jahr gebrütet haben oder aus dem Ei geschlüpft sind. Solch eine Karte ermöglicht es auch Rabenkrähen oder Bergfinken, nach einem langen Futtersuchtag auf den Feldern der Region an einem Winterabend zu ihren Schlafplätzen zurückzukehren.

Bei der Erstellung einer solchen dreidimensionalen Karte spielt neben dem Sehsinn auch der Geruchssinn eine Rolle. Ebenso helfen regionale Geräusche wie Wasserfälle bei der Orientierung. Zum Navigieren nutzen Vögel außerdem Landmarken, die sie im Flug schon von Weitem sehen können. Zuchttauben etwa orientieren sich im Zielgebiet an Bergen, Kirchtürmen, Schornsteinen, Seen, um zu ihrer Familie zurückzufinden. Küstenvögel ziehen häufig entlang von Küsten. Andere Vögel nutzen Großstädte zur Orientierung und auch mal Flüsse und Autobahnen, denen sie folgen. Wie verbreitet die Orientierung am menschlichen Verkehrsnetz ist, ist allerdings noch nicht klar – wie so vieles beim Vogelzug.

Sich nur anhand einer Himmelsrichtung zu orientieren, reicht nicht aus, um ein Ziel sicher zu erreichen. Würden Weißstörche auf ihrem Zug in den Süden tatsächlich nur nach Süden fliegen, müssten sie das Mittelmeer auch mal an der breitesten Stelle überflie-

„Wer gut navigieren will, benötigt nicht nur eine Karte, sondern auch einen Kompass. Und Vögel haben gleich drei davon."

gen. Und selbst wenn das kein Problem für sie wäre, kämen sie auf ihrem Weg von Afrika zurück wohl nie wieder zu ihrem Horst zurück, wenn sie von einem beliebigen Punkt in Afrika aus einfach stur nach Norden fliegen würden. Stattdessen richten sich Vögel auf ihrem Zug immer wieder in eine andere Himmelsrichtung aus. Sie müssen also in der Lage sein, unterwegs die Richtung zu ändern, aber dabei das Ziel nicht aus den Augen zu verlieren. Deshalb nutzen Vögel bei der Navigation ihre drei Kompasse.

Sonnenkompass

Vögel haben die Fähigkeit, sich an der Sonne zu orientieren. Aber wie machen Sie das? Die Sonne ist ja schließlich kein festes Ziel, nach dem sie sich einfach ausrichten könnten, sondern sie wandert im Laufe des Tages über den Himmel (bzw. wir drehen uns von ihr weg, aber wollen wir mal nicht kleinlich sein). Um damit navigieren bzw. um sich daran orientieren zu können, benötigen Vögel auch eine innere Uhr, die ihnen sagt, wann die Sonne wo steht. Mit diesem Wissen können sie die Richtung immer wieder neu berechnen. Da der Sonnenstand sich aber auch im Laufe des Jahres verändert und auch von der geografischen Breite abhängt, ist dieser Sonnenkompass wahrscheinlich am hilfreichsten zur Kurzstreckenorientierung im Brut- und im Überwinterungsgebiet. Auf dem Zug müssten Vögel diese innere Sonnenuhr kontinuierlich nachstellen, um sich weiterhin zuverlässig an der Sonne orientieren zu können. Dieser Kompass ist für den Zug daher unpraktisch.

Und außerdem ziehen viele Vögel ja auch nachts, besonders die kleinen. Wie ist das dann?

Sternenkompass

Vögel bewegen sich unter sternenklarem Himmel zielsicherer als in wolkenverhangenen Nächten. Das wissen Forschende bereits, seit sie Vögel mit Radar beobachten konnten. Auch innerhalb von Wolkenfeldern und Nebelbänken fällt ihnen die Orientierung schwerer. Es ist also naheliegend, dass sie sich an den Sternen orientieren, wie lange Zeit auch menschliche Seefahrende.

Dafür müssen sie aber nicht wie beim Sonnenkompass die Bewegung der Sterne über dem Himmel berechnen, sondern sie orientieren sich an der festen Lage der Sterne zueinander. Der Polarstern dient dabei als eigentlicher Navigationspunkt. Um ihn drehen sich die anderen Sterne.

Diese Bewegung um den festen Mittelpunkt prägen sich Jungvögel bereits vor ihrem ersten Zug ein und können dann, wenn sie zum ersten Mal losfliegen, diesen Sternenkompass sofort zur Orientierung nutzen.

Auf dem Weg in den Süden kommen langsam neue Sterne hinzu. Diese ergänzen die Vögel dann Stern für Stern und Nacht für Nacht in ihr Kompassbild. Sie justieren ihren Sternenkompass also unterwegs nach und somit ist er bestens geeignet für den Zug.

Tja, aber was ist, wenn eine dicke Wolkendecke den Blick auf die Sterne verstellt?

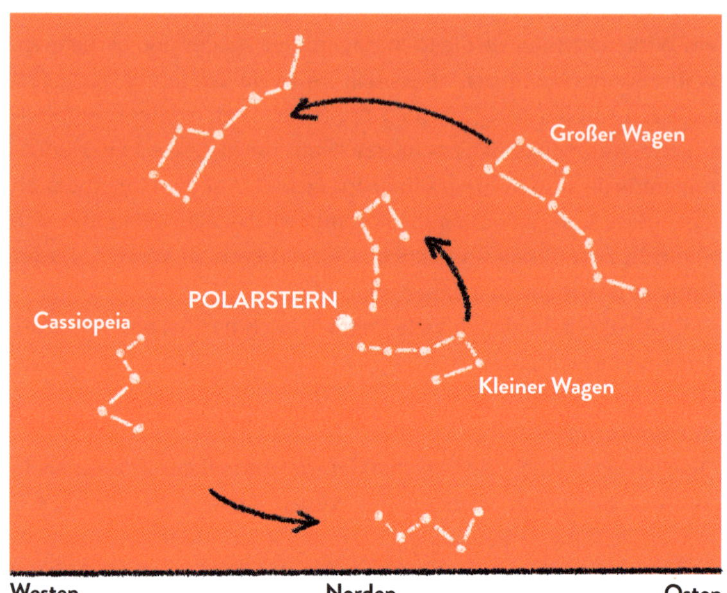

Der Tanz der Gestirne um den richtungsweisenden Polarstern.

Magnetsinn

Die Nachtzieher unter den Vögeln ziehen ohne Sicht auf die Sonne und auch bei stark bedecktem Himmel, ohne die Sterne sehen zu können. Sie nutzen eine zusätzliche Fähigkeit zum Navigieren, die wir Menschen uns nur sehr abstrakt vorstellen können. Vögel haben einen eigenen eingebauten Kompass: ihren Magnetsinn.

Sie sind in der Lage, das Erdmagnetfeld wahrzunehmen und sich daran zu orientieren. Für uns Menschen ist das mal wieder unvorstellbar, weil wir es nicht nachempfinden können. Wir wissen zwar, dass die Erde von einem Magnetfeld umgeben ist, aber wir nehmen es nicht wahr, weil wir dafür keinen Sinn haben.

Wir können uns das Magnetfeld als eine Art Schutzmantel um die Erde vorstellen, an dem Partikel aus dem All umgeleitet werden. Und dieser Schutzmantel ist aus lauter Feldlinien gewebt, wobei „gewebt" nicht ganz das richtige Wort ist, denn sie verlaufen nur in eine Richtung. Sie verlassen die Erde auf der Südhalbkugel und treten auf der Nordhalbkugel wieder in die Erde ein. An den beiden Polen ist die Intensität des Magnetfelds, die Feldstärke, am stärksten und die Feldlinien stehen fast senkrecht zur Erdoberfläche. Am Äquator senkt sich der Mantel und die Feldlinien verlaufen dort parallel zur Erdoberfläche. Sie haben daher an verschiedenen Orten der Erde sehr unterschiedliche Neigungswinkel. Durch Gesteinsschichten und auch in der Nähe von Großstädten verändert sich das Magnetfeld, sodass es an jedem Ort der Welt ein bisschen anders aussieht.

Diese lokalen Besonderheiten des Magnetfelds prägen sich Vögel von klein auf ein und können so an den Ort ihrer Geburt zurückfinden. Vögel orientieren sich anhand der Feldlinien und der Feldstärke. Sie nutzen ihren Magnetsinn aber nicht wie wir unseren Kompass, der uns zeigt, wo Norden ist. Da Vögel den Neigungswinkel der Magnetfeldlinien relativ zur Erdoberfläche wahrnehmen, wissen sie immer, ob sie in Richtung des Äquators oder in Richtung der Pole fliegen.

Wahrscheinlich nutzen Zugvögel ihre mehrtägigen Rastphasen nicht nur, um Energie zu tanken, sondern auch, um ihren Magnetkompass an die veränderten Bedingungen des Magnetfelds anzu-

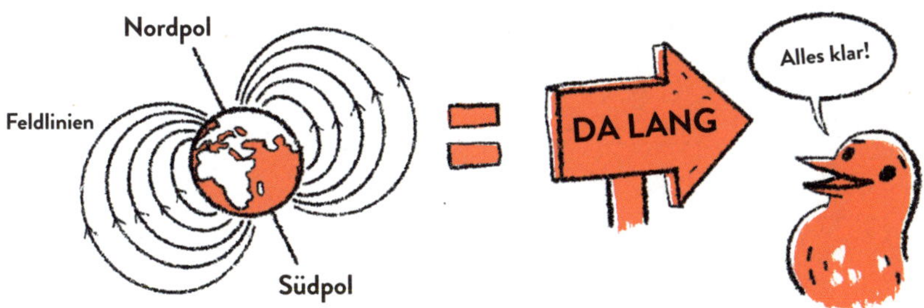

Das Magnetfeld der Erde weist Vögeln den Weg.

Konservative Gewohnheitsflieger

Auch Steinschmätzer sind echte Rekordflieger unter den Singvögeln. Sie sind sehr weit verbreitet. Ihre Brutgebiete erstrecken sich über ganz Europa und Russland bis hinüber nach Alaska. In die andere Richtung brüten sie außerdem in Island, Grönland und im Nordosten Kanadas. Sie alle überwintern südlich der Sahara in Afrika. Die Steinschmätzer, die in Alaska brüten, nehmen für diese Reise aber nicht den kürzeren Weg über Grönland, Island und Südwesteuropa, sondern fliegen einmal quer durch ganz Sibirien über Israel bis ins südliche Afrika.

Steinschmätzer-Logik

Die Vögel wählen diesen Umweg vermutlich, weil sie sich im Laufe der Evolution von Vorderasien aus Richtung Europa und Richtung Alaska ausgebreitet haben. Und diesen bekannten Weg nehmen sie einfach weiterhin, bis mal einer von ihnen die Abkürzung entdeckt.

passen. Sie können ihn außerdem jeden Abend durch die Position der untergehenden Sonne neu ausrichten. Diese geht nämlich immer ungefähr im Westen unter. Der Magnetkompass ist daher gut für die Orientierung auf dem Zug geeignet.

Er schwächelt allerdings ein bisschen rund um den Äquator, da die Feldlinien dort waagerecht zur Erdoberfläche verlaufen und sich die Langstreckenzieher, die den Äquator überfliegen, so nicht an ihrem Verlauf orientieren können. Dort hilft ihnen aber weiterhin die Wahrnehmung der Feldstärke, die sich auch um den Äquator herum verändert.

Wahrscheinlich nutzen viele Vogelarten und besonders die Jungvögel, die diese Reise zum ersten Mal unternehmen, eine längere Rast nördlich des magnetischen Äquators, um sich an die geänderten Magnetfeldbedingungen zu gewöhnen. Dort können sie auch die südlichen Gestirne, die sie dort bereits sehen können, nutzen, um sich zu orientieren. Ab der zweiten Äquatorüberquerung können sie zusätzlich zum Sternenkompass über dem Äquator auch Landmarken nutzen, die sie sich auf dem Hinweg eingeprägt haben. Vogelarten, die nonstop über den Äquator hinwegfliegen, passen ihren Magnetfeldkompass offenbar schneller und kontinuierlich im Flug an.

Der Magnetsinn wurde zuerst beim Rotkehlchen nachgewiesen. Inzwischen gehen Wissenschaftler:innen davon aus, dass auch viele andere Vogelarten diesen 6. Sinn haben. Er ist bei Zugvögeln, die nachts ziehen, stärker ausgeprägt als bei Tauben oder Hühnern, die nicht ziehen und eher am Tag fliegen.

So ganz genau verstehen wir diesen Magnetsinn aber noch immer nicht. Wissenschaftler:innen gehen davon aus, dass es im Schnabel vieler Vögel eine Möglichkeit gibt, das Magnetfeld wahrzunehmen, aber wie genau das funktioniert und was da erfasst wird, ist noch unklar. Was wir schon wissen ist, dass ein Teil des Magnetsinns in den Augen der Vögel sitzt. Dort sind bestimmte Moleküle, sogenannte Cryptochrome, für die Wahrnehmung des Magnetfelds

zuständig. Dieser Sinneseindruck wird in dem Teil des Gehirns verarbeitet, der für die visuellen Eindrücke zuständig ist. Vögel sehen das Erdmagnetfeld also. Irgendwie. Wie genau, also wie so ein Erdmagnetfeld für sie aussieht, werden wir wohl nie verstehen.

Präzisionsarbeit

All diese Orientierungssysteme funktionieren unabhängig voneinander. Es ist aber nicht so, dass sich Zugvögel unterwegs spontan entscheiden, welchen dieser Kompasse sie einschalten und nutzen wollen. Es ist eher so, dass sie alle zusammenwirken und sich ergänzen. So können die sich ändernden Parameter immer wieder neu in ein Gesamtorientierungssystem eingepasst werden. Im Zusammenspiel der Kompasse können Vögel so auf ihrem Zug verlässliche Richtungsinformationen ableiten und bleiben orientiert, auch wenn eins der Systeme mal kurz ausfällt. Wenn der Sternenkompass gerade nicht genutzt werden kann, weil der Himmel bewölkt ist, dann springen die anderen Kompasse ein.

Als Thermiksegler bleibt der Weißstorch besser über Land.

Die Grundprinzipien, wie Vögel sich orientieren und navigieren, hat die Wissenschaft inzwischen so ungefähr verstanden. Wir wissen aber oft nur, wie Vögel sich unter Laborbedingungen verhalten mit künstlich erzeugten Herausforderungen, die wir ihnen auferlegen. Wir wissen aber noch nicht, wie die verschiedenen Umweltreize in ihrer natürlichen Umgebung zusammenspielen und wie genau Vögel entscheiden, wann sie sich auf welchen Kompass verlassen können.

Auch nutzen verschiedene Vogelarten diese Kompasssysteme ganz unterschiedlich. In Versuchen hat sich gezeigt, dass Rotkehlchen auf sich verändernde Bedingungen anders reagierten als z. B. Teichrohrsänger und Gartengrasmücken. Der Vogelzug bleibt also spannend und auch ein bisschen geheimnisvoll.

Aussehen

Bei Superheldinnen und Superhelden denke ich natürlich auch an Äußerlichkeiten. Und an Extreme. Der strahlende Superman tarnt sich im echten Leben als der unauffällige Clark Kent. Und dass der hässliche Hulk in Bruce Banner steckt, sieht man ihm im Alltag auch nicht an.

DURCHSCHNITT gibt es bei Superheldinnen und Superhelden nicht. Und wenn, dann ist es Absicht. Und genauso ist das bei Vögeln auch. Beginnen wir an den äußeren Enden der Größenskala.

Superkraft #11

Größe

Zu den weltweit größten flugfähigen Vögeln gehören GROSSTRAPPEN, und sind wir mal ehrlich: Sie machen beim Fliegen einen viel eleganteren Job als Höckerschwäne. Um loszufliegen, benötigen sie in der Regel keinen Anlauf, sondern springen einfach in die Luft und fliegen los. Sie sind oft zu Fuß unterwegs, haben im Gegensatz zum Höckerschwan lange Beine und wirken sehr aufrecht, weil ihr Hals stets gestreckt ist. So wirken sie auch stolz und erhaben. Wie die Königinnen der Felder schreiten sie beinahe schwebend durch die Agrarlandschaft. Aber genau dieser Lebensraum ist das Problem dieser großen Vögel: Sie sind vom Aussterben bedroht. In Deutschland gibt es dank intensiver Schutzanstrengungen noch drei kleine Populationen in Brandenburg und Sachsen-Anhalt. Die Großtrappe wird daher auch der Märkische Strauß genannt. Und dieser Vergleich passt.

Großtrappen sind die größten Vögel Europas und haben eine Flügelspannweite von bis zu zweieinhalb Metern. Als Vögel der Steppe

wiegt ein Großtrappenhahn – gigantisch!

wiegt ein Großtrappenküken – winzig!

und des Offenlands wurden sie zu Kulturfolgerinnen. Sie sind sehr ortstreu, aber auch ausdauernde Fliegerinnen. Wenn sie Lust haben, fliegen sie schon mal Tausende Kilometer und erkunden die Welt.

Was bei ihnen auch ganz besonders ist: Der Gewichtsunterschied zwischen Weibchen und Männchen ist der größte von allen Vogelarten weltweit. Ausgewachsene Großtrappenhähne sind so um die zehn, manchmal auch 17 Kilo schwer. Großtrappenhennen wiegen nur so vier, fünf Kilo. Die Hähne sind somit doppelt bis dreimal so schwer wie die Hennen.

Aber auch Großtrappen fangen mal ganz klein an. Nach dem Schlüpfen wiegt ein Küken 80 bis 100 g. Wie viele Vogelarten sind sie in den ersten Wochen außerhalb des Eis auf Insekten angewiesen. Und davon brauchen sie eine ganze Menge, um zu solch stattlichen Vögeln heranzuwachsen. Großtrappenküken benötigen in den ersten zwei Wochen bis zu 1.000 Heuschrecken am Tag. Und die muss die Mutter erst einmal in den auf- und leergeräumten Agrarlandschaften, die wir Menschen geschaffen haben, finden.

Großtrappen leben in streng nach Geschlechtern getrennten Gruppen. Höchstens im ersten Winter können noch männliche Jungtrappen bei ihren Müttern sein, aber spätestens im Frühjahr ist damit Schluss. Männchen und Weibchen kommen in der Regel nur zur Fortpflanzung zusammen, für die sich die Männchen aufwändig anpreisen.

Stolzer Macho

Bei der Balz plustern sich die Großtrappenmännchen imposant auf, drehen ihre rotbraunen Flügel nach außen und legen den Schwanz

Bei den Großtrappen ist der Unterschied zwischen Henne (rechts im Foto) und Hahn riesig.

auf den Rücken, sodass nur noch das weiße Untergefieder zu sehen ist. Sie blasen ihren Kehlsack auf, strecken den Kopf nach hinten und stellen ihre Bartfedern eindrucksvoll auf. So wirken sie wie riesengroße stolzierende Federschneebälle.

Anna Marinkó arbeitet als Gebietsbetreuerin im Trappenschutz. Für sie sind die Männchen echte Machos, die mit geschwellter Brust und ihrem starken Hals sehr stolz und sehr männlich wirken. Je älter die Männchen werden, desto kräftiger werden sie. Am Anfang wirken sie noch schlaksig und haben wenig Erfolg bei den Trappenweibchen. Bei den älteren kräftigeren Hähnen bilden sich regelrechte Schlangen von Hennen, die sich mit ihnen paaren wollen. Durch ihre jahrelange Arbeit mit Besucher:innen in einem der drei deutschen Trappengebiete kann Anna Marinkó bestätigen: Diese Ausstrahlung der Trappenhähne wirkt auch auf uns Menschen.

Während der Balz steigt der Herzschlag der Hähne auf unglaubliche 900 Schläge pro Minute. Sie sind aber nicht nur damit beschäftigt, Eindruck auf die Weibchen zu machen. Auch gegen andere Männchen soll ihr Imponiergehabe wirken. Lassen die sich nicht einschüchtern, kommt es zum Kampf. All dieses Machotum hat auch einen Preis: Großtrappenhähne sterben deutlich früher als die Hennen. Während ein Männchen mit zehn Jahren schon recht alt ist, können Weibchen auch mal 25 Jahre und älter werden.

Nach der Balz kümmern sich die Weibchen allein um den Fortbestand der Art. Sie brüten allein und ziehen ihren Nachwuchs in der Nähe anderer Weibchen auf. Schon am zweiten Tag nach dem Schlüpfen flitzen die kleinen Küken ihrer Mutter hinterher.

Großtrappen halten sich so gut sie können von Menschen fern. Zwar sind sie Bewohnerinnen des Offenlands, aber wenn sich Menschen zu sehr nähern, verschwinden sie. Ihre Fluchtdistanz ist sehr groß, obwohl sie wehrhaft und kräftig sind. Trotzdem sieht es bei einem Kampf mit einem Seeadler finster aus für die großen Trappen.

Und tatsächlich sind diese stolzen Großvögel ohne menschliche Hilfe aktuell nicht überlebensfähig. Da nützt ihnen ihre Größe auch nichts – im Gegenteil.

Winziger König

Ganz am anderen Ende der Vogelgrößenskala steht das **WINTERGOLDHÄHNCHEN**. Es ist mit ca. neun Zentimetern und wenigen Gramm nicht nur unser kleinster und leichtester Vogel, sondern auch der kleinste Singvogel weltweit. Ein Wintergoldhähnchen wiegt so um die fünf, sechs Gramm. Das ist grade mal so viel wie ein Teelöffelchen Zucker oder eine 20-Cent-Münze. Ein durchschnittlicher Höckerschwan wiegt so viel wie 2.000 Wintergoldhähnchen zusammen.

Wintergoldhähnchen = 20-Cent-Münze

1 Höckerschwan = 2.000 Wintergoldhähnchen

Diese Winzlinge haben einen enormen Nahrungsbedarf: Sie sammeln vorzugsweise weiche Insekten und kleine Spinnen, die sie von der Astunterseite pflücken. Besonders im Winter futtern

sie jede Menge Springschwänze. Sie benötigen täglich eine Insektenmenge, die ihrem eigenen Körpergewicht entspricht. In der Brutzeit darf es auch gerne etwas mehr sein. Um diesen Bedarf zu decken, verbringen sie 90 Prozent des Tages mit der Nahrungsaufnahme. Und das ist überlebenswichtig: Bereits ein Gewicht von unter 4,8 Gramm ist für Wintergoldhähnchen tödlich. Obwohl sie ziemlich gut gegen Kälte isoliert sind, verbrauchen sie in kalten Winternächten allein dadurch, dass sie sich warmhalten, 20 Prozent ihres Körpergewichts.

Auch während der Brutzeit flitzt das Weibchen viel umher. Es sitzt nur wenige Minuten auf den Eiern und saust dann wieder los, um etwas zu futtern. Wintergoldhähnchen bauen kunstvoll gepolsterte, meisterhaft isolierte, dreilagige Nester. In denen kühlen die winzig kleinen Eier, die grade mal ein knappes Gramm wiegen, nicht so schnell aus und die Mutter kann bis zu 25 Minuten wegbleiben.

Klein, aber oho! Die winzigen Wintergoldhähnchen sind wahre Superhelden.

Ein Wintergoldhähnchenweibchen legt bis zu zwölf Eier. Ihr Gelege wiegt also viel mehr als die Mutter selbst.

In den nördlicheren Gebieten Skandinaviens ziehen diese mini Federbälle sogar und räumen im Winter ihr Brutgebiet dort vollständig. Unsere Wintergoldhähnchen verbringen in der Regel auch den Winter hier, aber sie wandern umher und ziehen Richtung Südwesten, wenn die Nahrung nicht so üppig ist. Dabei schaffen sie bis zu 240 Kilometer pro Tag, indem sie möglichst von Gebüsch zu Gebüsch fliegen. Wenn es sein muss, überfliegen diese winzigen Vögel auch für mehrere Hundert Kilometer das offene Meer. Jeder Mensch,

Fünf-Gramm-Vogel flog von Bornholm 2.475 km nach Algerien.

der schon einmal an einem stürmischen Herbsttag eine Überfahrt nach Amrum oder Helgoland gemacht hat, wird diese Leistung noch mehr zu würdigen wissen. Eine der weitesten bekannten Zugstrecken führte ein Wintergoldhähnchen vom dänischen Bornholm ins 2.475 Kilometer entfernte Algerien.

Wintergoldhähnchen halten sich gerne in den Kronen von Nadelbäumen auf und mögen am liebsten Fichten zum Brüten. Sie wuseln aber auch mal durch Gestrüpp und turnen in Augenhöhe herum. Dabei sind sie immer wieder erstaunlich mutig und kommen auf Armeslänge an uns Menschen heran. Unsere Anwesenheit irritiert die Winzlinge meist gar nicht und sie gehen unbeirrt ihrer Futtersuche nach. Sie sind so unerschrocken, dass sie sich noch nicht mal vor Greifvögeln fürchten. Gut, das könnte allerdings weniger an ihrer Tapferkeit liegen als vielmehr an der Tatsache, dass an so einem kleinen Vögelchen wirklich nicht sehr viel dran ist und sich Greifvögel eher für größere Vogelarten interessieren. Auch eine Maus wiegt mal locker das Drei- bis Vierfache von so einem kleinen Wintergoldhähnchen. Klar, so gaaaanz abgeneigt ist ein Sperber einem Wintergoldhähnchen nicht, wenn er die Gelegenheit hat, aber Winzigkeit hat durchaus auch Vorteile.

Wintergoldhähnchen tragen eine goldene Krone und werden auch mit der Legende vom Wettbewerb der Vögel in Verbindung gebracht, bei dem derjenige König sein sollte, der am höchsten fliegen könne. Schon Aristoteles berichtete davon, dass der Adler am höchsten flog – doch als er ganz oben angekommen war, kam ein kleines Vögelchen aus seinem Gefieder hervorgeschlüpft und flog noch ein bisschen höher. In vielen Überlieferungen ist daraus inzwischen ein ZAUNKÖNIG geworden, aber da die Namen für Zaunkönig und Goldhähnchen im Ur-Latein sehr ähnlich sind und nicht immer eindeutig verwendet wurden, könnte damit ursprünglich das Wintergoldhähnchen, der kleinste aller Vögel, gemeint gewesen sein. Darauf deutet auch sein heutiger lateinischer Name hin: *Regulus regulus*. Regulus bedeutet „kleiner König“.

Superkraft #12

Schönheit

Was ist das eigentlich für ein absolut sinnloses System, Wesen nach ihrem Aussehen zu beurteilen? Schon bei uns Menschen ist diese gesellschaftliche Fixierung auf Äußerlichkeiten äußerst fragwürdig. Und dennoch übertragen wir unsere Vorstellung von „schön“ auf andere Lebewesen: Süße und kluge Tiere, also Tiere, die unseren gesellschaftlichen Werten entsprechen, halten wir für besonders lebenswürdig. Alle anderen können weg.

Aber selbst mit diesen kritischen Gedanken im Kopf, ist unbestreitbar, dass wir Menschen ein angeborenes Schönheitsempfinden haben. Wir bevorzugen instinktiv Schönes, Buntes, Niedliches. Und deshalb ist es auch klar, dass es schöne und weniger attraktive Vögel für uns gibt.

Viele Menschen haben einen Lieblingsvogel. Häufig wird dieser nach Schönheit und Attraktivität ausgesucht und das ist auch gar kein Wunder, denn diese Eigenschaften sind am offensichtlichsten.

Der Stieglitz wirkt mit seiner Farbigkeit fast wie ein Vogel aus den Tropen.

Mein Lieblingsvogel war lange der STIEGLITZ. Mit seinem leuchtend roten Gesicht, dem knallgelben Flügelfeld, dem karamellgoldbraunen Brustmuster, dem elfenbeinfarbigen Schnabel, der bei ihm so anders wirkt als bei allen anderen Finken, kam er mir wunderschön und unerreichbar vor. Ich erinnere mich noch an meine allererste Sichtung, die mir so unwirklich schien. Später lernte ich sein scheinbar heiteres Gemüt zu schätzen. Wenn er in Wellen, fast hüpfend fliegt und mit seiner Clique im Baum Party macht, entzündet das auch immer einen zusätzlichen Funken Lebensfreude in mir. Heute sehe ich ihn gerade oft genug, dass ich mich freue, und selten genug, dass er für mich besonders bleibt. Ich denke, beim Stieglitz sind wir uns alle einig: Er ist wunderschön!

Charismatiker

Wenn nach einem hässlichen Vogel gefragt wird, ist der WALDRAPP ganz vorne auf der Liste. In manchen Vogelbüchern wird er sogar hochoffiziell als hässlich beschrieben.

Der Waldrapp ist ein echter Charaktervogel.
Wer ihn einmal sieht, vergisst ihn nie.

Und tatsächlich: Nach menschlichen Maßstäben ist der glatzköpfige schwarze Vogel mit dem langen gebogenen Schnabel und der wirren Frisur keine Schönheit. Er hat als Jungvogel Federn am Kopf und wird im Alter kahl. Vielleicht ist es das, was uns irritiert: sein scheinbares Alter, sein Verfall, sein unangepasstes Äußeres? Und dann ist er auch noch schwarz. Zwar gelten schwarze Vögel immer wieder als ungenießbar. Für den Waldrapp galt diese Regel jedoch offensichtlich nicht: Seine Ausrottung verdankt er auch der angeblichen Köstlichkeit seines Fleisches.

Heutzutage schadet dem Waldrapp seine angebliche Hässlichkeit nicht, im Gegenteil, wie mir Mitarbeitende des Waldrappteams versicherten. Der Waldrapp mag vielleicht nicht als „schön" wahrgenommen werden. Einzigartig, charismatisch und besonders ist er doch in jedem Fall. Er bleibt im Gedächtnis. Egal, ob ihn Menschen schön oder hässlich finden – sie empfinden etwas bei seinem Anblick. Er ist kein graubrauner Durchschnittsnormalo und genau das hilft seiner Arterhaltung im 21. Jahrhundert.

Schönling

Im Gegensatz dazu gehört für viele Vogelfans der EISVOGEL mit zu den schönsten Vögeln überhaupt. Das liegt auch an seinem ungewöhnlichen, leuchtenden Gefieder. Deshalb wird er auch als „Fliegender Edelstein" bezeichnet. Wenn wir uns beim Eisvogel allerdings die Federn graubraun denken, fällt auf, dass er ganz schön witzige Proportionen hat. Der dunkle grade, dicke Schnabel ist sehr lang, der Kopf ziemlich groß, die Füße sind klein und der Schwanz ist kurz.

All das fällt aber natürlich nicht wirklich auf, weil es der Eisvogel mit seiner Farbenpracht überstrahlt. Auf der Oberseite leuchtet sein Gefieder in verschiedenen Blauschattierungen. Seine Unterseite ist orange. Dazu hat er schicke weiße Flecken an der Kehle und an den Halsseiten. Diese Farbkombination macht den Eisvogel unverwechselbar und zu einem Superstar unter den Vögeln. Und seine Färbung hat auch echte Vorteile.

Knallbunt und doch gut getarnt: der Eisvogel.

Eisvögel erbeuten ihre Nahrung aus dem Wasser: Kaulquappen, Fische, Insekten. Wenn sie auf Beute lauern, sitzen sie oft auf einem Ast über dem Wasser. Von oben sind sie durch ihre blaue Oberseite perfekt vor vorüberfliegenden Greifvögeln getarnt und wirken wie ein Teil des Gewässers. Von unten, aus dem Wasser heraus, wirken sie mit ihrem orangebraunrostfarbenem Gefieder für ihre Beutetiere baumartig und ebenfalls unauffällig. Außerdem halten sie sich bevorzugt im Schatten auf. Durch die vielen Schattierungen und Muster in ihrem Gefieder werden sie so auch für uns viel zu oft unsichtbar. Erstaunlich eigentlich bei so einem auffälligen Gefieder.

Gefieder und Federn

Es könnte der Verdacht entstehen, Vögel wüssten um ihre Schönheit und seien eitel. Jeden Tag putzen sie stundenlang und hingebungsvoll ihre unzähligen Federn. Jede einzelne von ihnen ziehen sie sich

durch den Schnabel, glätten und säubern sie und legen sie geordnet wieder an ihren Platz. Das machen Vögel aber natürlich nicht aus Eitelkeit, sondern weil die Federn so wichtig für sie sind.

Unter allen Wesen dieser Welt sind Vögel die einzigen mit Federn, und ihr Gefieder ist das, was alle Vogelarten weltweit eint. Es ist, als hätte jeder Vogel damit eine eigene kleine Rüstung, die super leicht und daunenweich ist und sie trotzdem effektiv vor Sonne, Wind, Kälte, Mücken und Dornen schützt. Und manchmal lassen sie bei einem Angriff ein paar Federn und kommen dafür mit dem Leben davon. Die meisten können mit ihren Federn durch den Himmel fliegen, anderen gibt ihr Gefieder die Möglichkeit, unter Wasser zu jagen. Sie geben jedem Vogel sein individuelles Aussehen und teilen allen anderen Vögeln mit, wer da grade angeflogen kommt.

Und natürlich macht ihr Gefieder Vögel auch zu den wunderschönsten, farbenprächtigsten Wesen überhaupt. Aber wieso leuchten unsere Haare nicht so schick und wie kommen diese leuchtenden, schillernden, knallbunten Farben überhaupt in die Federn hinein?

Wenn wir Farben wahrnehmen, heißt das nicht unbedingt, dass auch Farben in den Dingen selbst sind. Sie sind also quasi gar nicht da, obwohl wir sie sehen können. Grün, Lila und Blau entstehen durch die Absorption, Reflexion und Streuung von Licht. Am Halsgefieder von STADTTAUBEN, bei STAREN und auch beim WALDRAPP ist das gut zu sehen: Je nachdem, aus welchem Blickwinkel wir es betrachten und wie das Licht darauf scheint, wirkt ihr Gefieder unterschiedlich gefärbt. Sie schimmern und schillern. Und doch sind diese Farben eigentlich gar nicht da. Im Gegensatz zu Braun, Schwarz, Grau, Rot und Gelb. Diese Farben werden u.a. durch Melanin, Carotinoide oder durch Abbauprodukte des Blutfarbstoffs Hämoglobin in die Feder eingelagert und sind wirklich da.

Federn sind aus Keratin, einem der stärksten Proteine, das die Natur zu bieten hat, aufgebaut. Trotzdem und trotz all der guten Pflege leiden die Federn im Alltag der Vögel. Sie nutzen sich ab, werden von Federlingen und Milben angegriffen und bleichen durch die UV-Strahlung aus. Deshalb werden sie regelmäßig in der Mauser erneuert. Danach erstrahlt das Federkleid der Vögel in neuem Glanz.

Misswahl

Schönheit ist in der Forschung immer auch ein bisschen suspekt. Sie erscheint uns als etwas Subjektives, ist nicht objektiv überprüfbar, messbar oder bewertbar, schon gar nicht bei Vögeln. Nicht umsonst sagen wir doch „Schönheit liegt im Auge des Betrachters“.

Bei den Vögeln müssten wir allerdings oft sagen: der Betrachterin. Denn es ist ganz offensichtlich: Vögel haben ein ästhetisches Empfinden. Wären sie nicht in der Lage, Schönheit wahrzunehmen, wozu sind dann all die bunten Gefieder, die Balztänze, die schönen Gesänge, die kunstvollen Nester gut? All der Aufwand, den besonders Vogelmännchen betreiben, wäre sinnlos, verschwendete Liebesmüh, wenn die Artgenossinnen ihn nicht würdigen könnten.

Bei Vögeln sehen Weibchen und Männchen immer mal wieder völlig unterschiedlich aus. Dimorphismus nennt man das, Zweige-

staltigkeit. Meistens sind in solchen Fällen die Männchen farbenfroher und auffälliger als die Weibchen.

Paarung ist immer auch eine Wahl. Vögel beobachten einander und bewerten, was sie sehen. Auf uns mögen die Weibchen bei der Balz manchmal teilnahmslos wirken, während die Männchen ihre Show aufführen. Es sind jedoch diese individuellen Entscheidungen für oder gegen einen Partner, die über Jahrmillionen das Aussehen und das Verhalten der Arten beeinflusst haben.

Das Weibchen wählt das für sie attraktivste Männchen aus.

Viel spannender als die Frage, wie wir die Schönheit der Vögel bewerten und empfinden, ist also die Frage, wie Vögel ihre Schönheit untereinander erleben und bewerten, nach welchen Kriterien sie einen Partner, eine Partnerin auswählen. Aussehen? Gesang? Versorgerqualitäten des Männchens? Entschlossenheit der Weibchen? Ist Schönheit nur deshalb spannend, weil sich dahinter etwas anderes verbirgt: Stärke, gute Gene, Gesundheit? Oder kann sie bei der Partnerwahl auch ein Selbstzweck sein? Und nach welchen Kriterien wählen die Männchen? Wir spekulieren und forschen, aber so ganz werden wir es vielleicht nie verstehen. Wie auch? Selbst bei uns Menschen fällt uns das ja schwer. Was wir wissen: Vögel haben einen Sinn für Schönheit, für Ästhetik, ohne den sich vieles nicht erklären ließe. Und ihr Geschmack ist unserem immer mal wieder erstaunlich ähnlich.

Superkraft #13

Tarnung

Früher dachte ich, es gäbe gar keine Vögel um mich herum, weil ich keine sah, wenn ich mal kurz nach ihnen Ausschau hielt. Heute weiß ich, dass da garantiert welche waren; ich habe sie nur nicht wahrgenommen. Und so wie mir damals geht es vielen Menschen, die all die Vögel nicht sehen.

Baumläufer sind am Baumstamm ziemlich gut getarnt.

Heute erscheint mir das fast absurd, sie sind für mich doch so sichtbar. Ein paar von ihnen sind aber tatsächlich gut getarnt: WALD- und GARTENBAUMLÄUFER sind an einem Stamm fast unsichtbar, WALDKÄUZE verschmelzen mit ihrer Umgebung, wenn sie unbeweglich im Geäst sitzen und ROHRDOMMELN werden, wenn sie die Pfahlstellung einnehmen, zu Schilf.

Getarnte Eier

Ebenfalls gut getarnt sind die Eier vieler Vogelarten. Der FLUSSREGENPFEIFER legt seine Eier offen auf Sanddünen und Kiesbänken ab, wo er brütet. Sie sind total unauffällig und so gut getarnt, dass sie mit ihrer Umgebung verschmelzen. Auch von uns Menschen können sie dort leicht übersehen werden. Das ist zwar Absicht und soll sie eigentlich besser vor Feinden schützen, bei so großen Tieren wie uns bewirkt das aber leider das Gegenteil, wenn wir versehentlich drauftrampeln. Auch Hunde sind eine große Gefahr für alle Bodenbrüter, selbst wenn sie nicht das Nest plündern. Manche Vogelarten geben ihr Gelege ganz auf, wenn sie beim Brüten gestört werden. Also bleiben Hund und Mensch am besten auf den Wegen.

Nähert sich ein Feind dem Nest, versucht ihn der Flussregenpfeifer abzulenken. Er hat dafür zwei coole Strategien: Entweder fliegt er schnell zu einer weit vom Nest entfernten, exponierten Stelle und tut so, als würde er dort brüten. Kommt der Feind näher, verlässt er dieses Pseudonest auffällig und lässt ihn dort suchen. Die zweite Taktik nennt sich Verleiten: Der Flussregenpfeifer täuscht eine Verletzung vor, indem er humpelnd durch die Gegend stolpert und einen Flügel hängen lässt. Dabei benimmt er sich ziemlich auffällig, bewegt sich aber unauffällig vom Nest weg. Hat er so den Feind weit genug weggelockt, widerfährt ihm eine scheinbare Blitzheilung, er fliegt zu seinem Nachwuchs zurück und lacht sich ins Fäustchen … Nee, natürlich nicht, aber das erledige ich gerne für ihn.

Kuckucksei

Es gibt viele unterschiedliche Eierfarben, -muster und -formen. Sie sind grün, rosa, blau, türkis, gelb, gepunktet, gesprenkelt, einfarbig, verschnörkelt, rund, oval, kreiselförmig … Bei näherer Betrachtung gleicht selbst innerhalb einer Art kein Ei dem anderen. Häufig legt jedes Weibchen Eier mit einem individuellen Muster. Das ist fast wie bei uns der Fingerabdruck. Trotzdem schaffen es KUCKUCKE, ihre Eier den Vogeleltern einer anderen Art unterzuschieben. Und das ist ja mal wirklich erstaunlich!

Weil die Vielfalt der Vogeleier so groß ist, gibt es auch sehr viele unterschiedliche Kuckuckseier. Ein Kuckucksweibchen ist immer auf eine Wirtsvogelart spezialisiert und legt Eier, deren Färbung zu dieser Art passen. Das Aussehen der Eier wird nur in der weiblichen Linie vererbt. Die Gene des Männchens haben keinerlei Einfluss auf die Farbe der Kuckuckseier. Die Eier eines Kuckucksweibchens sehen also immer gleich aus und sie werden von einem Weibchen nur in die Nester der Art gelegt, zu der sie perfekt passen und bei der die Mutter selbst aus dem Nest geschlüpft ist.

Ein Kuckucksei im fremden Nest: Wir erkennen den Unterschied, aber die Sumpfrohrsänger lassen sich vielleicht täuschen.

Kuckucksweibchen, die auf Gartenrotschwänze spezialisiert sind, legen also einfarbig blaue Eier. Kuckucksweibchen, die auf Sumpfrohrsänger spezialisiert sind, legen gesprenkelte Eier, die so aussehen wie die Originale. Nur die auf Heckenbraunellen spezialisierten Kuckucke müssen sich keine Mühe geben, denn Heckenbraunellen akzeptieren jedes Ei, das in ihrem Nest liegt. Diese Linie der Kuckucksweibchen musste ihre Eier also gar nicht in der Farbe anpassen.

Die Farbe der Kuckuckseier orientiert sich aber auch in anderen Fällen nicht an der Färbung der anderen Eier im Nest. Manche Kuckuckseier sind an ihre Umgebung angepasst. In Nestern von Rotkehlchen sind sie ziemlich dunkel, damit sie im dunklen Nest dieser eher in schummriger Umgebung brütenden Wirtsvögel nicht weiter auffallen und mal eben so mitgebrütet werden.

Karneval

Dem weiblichen KUCKUCK reicht es aber nicht, nur seine eigenen Eier zu tarnen. Sein Täuschungsmanöver beginnt schon bei der Annäherung an die fremden Nester. Da viele Singvögel auf Kuckucke sehr aggressiv reagieren, haben Kuckucksweibchen noch einen Trick auf Lager, um ihre Eier trotzdem unbemerkt in fremde Nester legen zu können: Sie tarnen sich als SPERBER.

Sperber sind tödliche Feinde vieler Singvögel. Im Flug ähneln Kuckucke Sperbern so sehr, dass auch vogelbegeisterte Menschen, die bei einer Sperbersichtung nicht um ihr Leben fürchten müssen, beide Arten gerne verwechseln. Sie ähneln sich in Größe und Statur, haben beide eine ähnliche Gefiederfärbung sowie gelbe Beine, Schnäbel und Augen. Fragt sich ein Singvogel auch nur eine Sekunde zu lang, ob das tatsächlich ein Sperber ist, der da angeflogen kommt, oder doch ein Kuckuck, kann das tödlich für ihn enden.

Die Täuschung geht so weit, dass auch der Ruf des Kuckucksweibchens dem des Sperbers ähnelt. Manche Weibchen rufen direkt nach der Eiablage vom fremden Nest aus. So lenken sie die Singvögel der Umgebung ab, um sich ungehindert vom Nest entfernen zu können. Durch diesen zusätzlichen Trick steigen ihre Erfolgschancen.

Da aber auch die Wirtsvögel klug sind und durch Beobachtung voneinander lernen, funktioniert diese Tarnung nicht immer. Aber Kuckucksweibchen haben neben der grauen Sperberversion noch eine zweite Farbvariante ausgebildet: eine rotbraune, die dem Turmfalken ähnelt. So erhöhen sie ihre Chancen, die Wirtsvögel zu täuschen.

Niedlichkeit

Wir Menschen lassen uns regelmäßig von einem anderen Vogel täuschen: vom ROTKEHLCHEN. 2021 war das Rotkehlchen offiziell der beliebteste Vogel in Deutschland. Da wurde es in der ersten öffentlichen Wahl des NABU und des LBV unter allen Vogelarten Deutschlands zum Vogel des Jahres gewählt. Und dass es so beliebt ist, ist – zumindest aus wissenschaftlicher Sicht – kein Wunder: Sein Aussehen folgt dem Kindchenschema, auf das wir Menschen positiv reagieren. Um unser Schutz- und Fürsorgeverhalten zu wecken, finden wir runde Gesichter, große, runde Augen und kurze Gliedmaßen genetisch bedingt niedlich.

Dieser biologische Reflex springt auch beim Rotkehlchen an. Es hat große, runde dunkle Augen, einen runden Kopf und wirkt auch oft insgesamt sehr rund. Außerdem wirkt es mutig, unerschrocken und zutraulich auf uns. Und es singt so schön herzergreifend. Das Rotkehlchen muss man einfach süß finden, oder?

Die zwei Gesichter des Rotkehlchens

Das süße Vögelchen mit den Knopfaugen kann ganz schön zuschlagen!

Bei mir wirkt die Niedlichkeit der Rotkehlchen nicht mehr, denn ich schaue hinter ihre süße Fassade und weiß: Sie haben es faustdick hinter den Ohren.

Wie bereits erwähnt, singen bei den Rotkehlchen sowohl die Männchen als auch die Weibchen außerhalb der Brutzeit. Das tun sie allerdings nicht, um sich

Oh, wie niedlich: Rotkehlchen folgen dem Kindchenschema.

Liebesbotschaften zuzuflöten und sich verliebt über den Gartenzaun hinweg anzuschmachten, sondern um ihr Revier abzugrenzen. Rotkehlchen sind Einzelgänger und jedes verteidigt ein eigenes Revier gegen Artgenossen. Sollte sich dann doch mal ein anderes Rotkehlchen in ihr Revier wagen, gehen sie mit ganzer Härte gegen den Eindringling vor. Das kann dann auch mal tödlich enden. Von wegen niedlich!

Auch ihr Mut gegenüber uns Menschen hat praktische Hintergründe. Rotkehlchen sind ursprünglich Waldbewohner und sie haben gelernt, dass es von Vorteil ist, sich in der Nähe großer Säugetiere aufzuhalten, weil die für sie Insekten aufscheuchen. Das ist eine bequeme Art der Futterbeschaffung für sie. Und ob das jetzt eine Rotte Wildschweine für sie erledigt, die sich durch den Waldboden wühlt, oder ein Mensch bei der Gartenarbeit, macht für Rotkehlchen keinen Unterschied.

Tarnkleidung

Wie Rotkehlchen aussehen, weiß ich schon lange. Seit meiner frühesten Kindheit glaubte ich auch STOCKENTEN zu kennen. Das hatten mir schließlich meine Oma und mein Opa erklärt. Die Männchen, das sind die schönen, bunten mit den lustigen Erpellocken. Die Weibchen, das sind die graubraun-langweiligen. Auch ich habe da lange dran geglaubt und so steht es auch in vielen Vogelbüchern. Der Stockentenerpel gilt als Inbegriff der Stockente.

Aber ist das nicht drollig, wie wir auch bei Vögeln vom Männchen als dem Normalzustand ausgehen, wenn Weibchen und Männchen sich für uns äußerlich unterscheiden? Ein GIMPEL ist rot. Die Abweichung von diesem Normalzustand sind die Weibchen. Die sind braun. Ach, und die Jungvögel, die sehen auch anders aus als das Männchen. Da Jungvögel oft den Weibchen ähnlich sehen und die Abweichungen von der Norm somit rein quantitativ eine Mehr-

Auch so können Stockentenerpel ausssehen, wenn sie nicht im Prachtkleid sind.

Gut getarnt und oft übersehen: die Gimpelin.

heit bilden, wäre es doch gar nicht abwegig, die unauffälligen, clever getarnten Nicht-Männchen als den Normalzustand anzusehen und die farbenfrohen Männchen als Abweichung.

Bei den STOCKENTEN geht diese Abweichung vom vermeintlichen Normalzustand sogar noch einen Schritt weiter: Die Männchen sehen nur im Prachtkleid so aus, wie wir das als Standard überall zu sehen bekommen. Im Schlichtkleid sehen die Erpel den Weibchen viel ähnlicher. Von ihrem leuchtend grünen Kopf ist dann nichts mehr zu sehen, ihr Gefieder ist ebenfalls braun. Besonders an seinem gelben Schnabel ist das Männchen aber weiterhin leicht zu erkennen.

Da bei den Stockenten die Weibchen den Nachwuchs allein großziehen, ist es praktisch, dass sie unauffällig gefärbt sind. Mit ihrem Gefieder sind sie perfekt getarnt. So auszusehen und damit ebenfalls gut getarnt zu sein, ist auch für die Männchen außerhalb der Balzzeit viel sicherer und erhöht die eigenen Überlebenschancen.

Innere
Werte
A = πr²
C = 2π
V = 4/3 π · r
V = πr²·h
ax² + bx + c = 0
A = 1/2 b · h
sin
cos
tan
30° 45° 60°
2x
60°
30°
x√3

Superheld:innen machen sich ja nicht nur an coolen Superkräften und gutem Aussehen fest. Auch unter der Oberfläche haben sie einiges zu bieten. Und da Vögel echte Superhelden sind, ist das natürlich auch bei ihnen so.

HINTER IHRER HÜBSCHEN FASSADE zeigen sich dann auch noch einmal ganz andere Aspekte, für die Vogelfans sie lieben und bewundern können. Mit diesen inneren Werten offenbaren sie sich erst auf den zweiten Blick als Lieblingsvögel für Fortgeschrittene.

Intelligenz

Wenn ein Tier schon bei Niedlichkeit und Schönheit nicht viel zu bieten hat, kann es das für viele Menschen wettmachen, wenn es klug ist. Von Intelligenz bei Tieren sind wir mindestens genauso fasziniert wie von Schönheit und Niedlichkeit.

Viel zu lange dachten wir, Vögel könnten gar nicht intelligent sein, denn sie haben kleine Gehirne. Eigentlich klar, denn die meisten von ihnen sind ja auch viel kleiner als wir. Bei ihnen fehlt aber auch die Hirnrinde, die bei uns für das spannendste Denken zuständig ist.

Was wir erst langsam beginnen zu verstehen: Vogelgehirne sind anders strukturiert als unsere. Sie bestehen aus Kernen, die miteinander in Verbindung stehen. Bei der Verknüpfung unterscheidet sich das Vogelhirn nicht wesentlich von unserem. Die Nervenzellen sind in Vogelgehirnen allerdings dichter gepackt. Ihre Gehirne sind also klein und kompakt. Das ist nicht besser oder schlechter als bei uns, sondern einfach nur anders.

Vogelhirne kommen uns so winzig vor. Sie sind aber – gemessen am Gewicht der Vögel – durchaus groß. Wenn man die Gehirngröße eines Vogels ins Verhältnis zu seinem Gewicht setzt, ähneln die Verhältnisse denen bei Säugetieren. Es gibt aber auch Vogelarten, deren Gehirn viel größer ist als das Gehirn anderer Vogelarten mit ähnlichen Körpermaßen.

Nestflüchter wie das **REBHUHN** schlüpfen mit größeren Gehirnen aus dem Ei als Nesthocker wie die **RABENKRÄHE**. Sie sind zwar sofort einsatzbereit, aber ihr Gehirn wächst nicht mehr weiter – im Gegensatz zu dem von Nesthockern. Am Ende ist das Nestflüchtergehirn dann kleiner als das von Nesthockern. Rabenkrähe und Rebhuhn haben im ausgewachsenen Zustand eine vergleichbare Körpergröße. Das Gehirn einer Krähe wiegt zwischen 7 und 10 Gramm, das eines Rebhuhns nur knapp 2 Gramm.

Die Gehirne von Zugvögeln sind kleiner als die von nicht ziehenden Arten. Dafür haben sie einen sehr großen Hippocampus, das Hirnareal, das für die Verarbeitung räumlicher Informationen

„Krass! Nestflüchterküken haben zunächst größere Gehirne als Nesthocker, aber ihr Gehirn wächst nicht mehr weiter. Am Ende ist das Nesthockergehirn das größere.“

Nesthockende Rabenkrähen müssen
erst viel lernen, bevor es losgeht.
Nestflüchtende Rebhühner sind
bald nach dem Schlupf einsatzbereit.

zuständig ist. Auch innerhalb einer Art kann die Hirngröße, bzw. die Größe bestimmter Teile des Gehirns variieren, je nachdem, wie klimatisch herausfordernd der Lebensraum ist. Also je kälter, schneereicher und höher der Lebensraum liegt, desto größer sind beispielsweise die Bereiche im Vogelhirn, die für das Verstecken und Wiederfinden von Futter benötigt werden.

Messen

Bei anderen Lebewesen erkennen wir meist nur das als intelligent, was wir selbst auch so machen würden, was wir nachvollziehen können. Um in der Evolution erfolgreich zu sein, mussten viele Arten aber auf nichtmenschliche Art intelligent sein. Eulen, Falken und Greifvögel wirken nicht wie die hellsten Kerzen auf der Torte, wenn es um die flexible Anpassung an neue Umstände geht, und doch sind sie sehr erfolgreiche Überlebenskünstler:innen, die auf ihre Art auf die Herausforderungen der Umwelt reagieren.

Wir messen Intelligenz zwangsläufig an unserer menschlichen Vorstellung davon. Ein Problem dabei ist, dass wir davon ausgehen, dass Vögel denken wie wir. So viel von dem, was sie können, ist für uns aber nicht nachvollziehbar. Vielleicht sind Vögel auf eine Art schlau, die wir uns nicht vorstellen können. Sie sind uns in ihrem Denken fremd. Sie handeln oft nicht so, wie es uns logisch erscheint. Dafür tun sie etwas ganz anderes, was vielleicht für uns nur deswegen nicht intelligent wirkt, weil wir es nicht verstehen. Nur weil sich Vögel nicht für die Aufgaben interessieren, die wir ihnen in Tests stellen, heißt das nicht, dass sie nicht klug sind. Wir haben ihnen vielleicht nur noch keine für sie interessanten Fragen gestellt. Umgekehrt halten Vögel uns vielleicht auch nicht für besonders clever. Würden sie sich Intelligenztests für uns ausdenken, würden wir diese wahrscheinlich auch nicht bestehen.

Aber was soll das überhaupt heißen: intelligent sein? Intelligenz ist ja eine der Eigenschaften, die wir Menschen bei uns hochhalten. Wir verstehen darunter Klugheit, Denkvermögen, Auffassungsgabe,

Ein weiser Waldkauz?

innovatives, flexibles Verhalten, die Fähigkeit zu lernen und Probleme lösen zu können. Um die Intelligenz von Vögeln und anderen Lebewesen zu erkennen und zu bewerten, messen wir mit menschlichen Maßstäben. Und diese sind ja bereits bei der Bewertung menschlicher Intelligenz äußerst fragwürdig.

Wenn es schon schwer ist, zu definieren, was Intelligenz bedeutet, dann ist es erst recht schwer, sie zu messen. Statt von „Intelligenz" sprechen Forschende daher auch gerne von „kognitiven Fähigkeiten", also von den geistigen Fähigkeiten, das, was um uns herum passiert, wahrzunehmen und diese Informationen weiterzuverarbeiten. Welche Schlüsse werden gezogen, wie werden Zusammenhänge erkannt und verstanden. Etwas salopp könnte man es auch mit „denken" übersetzen. Denken, das sowohl die belebte als auch die unbelebte Umwelt einbezieht.

Die einzige Möglichkeit, die wir haben, um die kognitiven Fähigkeiten bei anderen Lebewesen beurteilen zu können, ist, sie zu beobachten und unsere Schlüsse daraus zu ziehen. Wenn Beobachten allein nicht ausreicht, denken sich Forschende Aufgaben aus und stellen die zu testenden Lebewesen vor Herausforderungen. Dann schauen sie, wie die Lebewesen (in unserem Fall natürlich Vögel!) darauf reagieren. Die Reaktionen und damit auch die Antworten auf die Frage, die die Forschenden beantworten wollen, hängen auch stark davon ab, wie gut es die Forschenden schaffen, ihre Fragen den Vögeln nonverbal zu stellen.

Nussknacker

Intelligenz hat sich nicht zum Selbstzweck herausgebildet, sondern es geht dabei immer um einen Vorteil beim Überleben. Man könnte auch vermuten: Lebewesen, die sonst nicht viel zu bieten haben (wie Stärke, Größe, Spezialisierung), mussten schlau bzw. erfinderisch und gewitzt sein, um zu überleben. Eine Theorie darüber, warum Vögel schlau sind, führt das auf anspruchsvolle Lebensumstände zurück. Wenn es schwierig ist, an Futter zu kommen, muss man sich

was einfallen lassen. Wenn alles easy-peasy ist, besteht kein Bedarf an cleveren Lösungen. Besonders in herausfordernden Situationen können Vögel zeigen, was sie draufhaben.

Aus verschiedenen Orten Deutschlands, aber auch aus anderen Ländern wie dem fernen China gibt es Berichte von RABEN- und NEBELKRÄHEN, die besondere Tricks entwickelt haben, um Walnüsse zu knacken. Einer davon ist, dass sie die Nüsse aus großer Höhe auf einen ebenen, harten Untergrund fallen lassen, sodass sie aufspringen und die Vögel das wohlschmeckende Innere futtern können.

Eine andere Methode ist noch ein bisschen raffinierter: Krähen nutzen fahrende Autos als Werkzeuge, von denen sie sich die Nüsse knacken lassen. Und das geht so: Während der Rotphase einer Ampel platzieren die Krähen Walnüsse so vor den stehenden Autos auf der Fahrbahn oder mitten auf der Kreuzung, dass sie in der nächsten Grünphase überfahren werden. Schaltet die Ampel wieder auf Rot, flitzen die Krähen herbei und sammeln die verwertbaren Bruchstücke auf und futtern sie in sicherer Entfernung. Die Vögel müssen also das Prinzip der Ampelphasen verstanden haben, um es für sich nutzen und sicher durch den Verkehr navigieren zu können. Super beeindruckend.

Mathegenie

Wenn wir an Vögel denken, denken wohl die allerwenigsten Menschen an HÜHNER. Dabei sind sie heutzutage häufiger, als es jede andere Vogelart jemals war, bringen dreimal mehr Masse als alle wildlebenden Vögel zusammen auf die Waage und weltweit haben Menschen mit ihnen im Alltag die meisten Berührungspunkte. Wir schauen da nur nicht so gerne hin und sehen Hühner lieber nicht als „richtige" Vögel an. Das ist wirklich schade, denn da verpassen wir eine Menge. Hühner sind nämlich zum Beispiel echte Mathegenies.

Hühnerküken können bereits ab dem ersten Tag nach ihrem Schlupf im Zahlenraum von 0 bis 5 zählen und rechnen. Sie kommen mit diesem genetischen Wissen auf die Welt. Was sie allerdings nicht instinktiv wissen ist, wie ihre Mutter aussieht. Da sie Nestflüchter sind und ganz okay allein klarkämen, sind sie nicht auf dieses Wissen angewiesen. Dem ersten Lebewesen, das sie nach ihrem Schlupf sehen, folgen sie ziemlich bedingungslos, Hauptsache, es bewegt sich und gibt regelmäßig Laute von sich.

Hühnerküken können bis 5 zählen und rechnen.

Im Normalfall schlüpfen Küken im Beisein ihrer Mutter (es sei denn, sie schlüpfen in einem Mastbetrieb, da haben sie Pech gehabt). Bei einer wissenschaftlichen Handaufzucht wurden Hühnerküken auf kleine gelbe Plastikdosen geprägt. Sie hatten also nicht nur eine, sondern mehrere Mütter und wollten immer, dass so viele von ihnen wie möglich um sie waren. In einem Test wurden die Küken jeweils in kleine Plexiglasboxen

Hühner können noch so viel mehr als scharren und picken.

gesetzt. So konnten sie alles sehen, was vor ihnen geschah, aber nicht gleich loslaufen. Ihre gelben Dosenmütter verschwanden dann einzeln hinter zwei Sichtschutzen, die sich rechts und links vor den Küken befanden. Sobald sie loslaufen durften, wählten die Küken immer die Seite, auf der mehr dieser Dosenmütter waren. So verstanden wir Menschen, dass Küken wissen, dass vier mehr ist als zwei.

Im nächsten Test verschwanden vor den Augen der Küken erst vier Dosenmütter links und eine rechts. Dann wechselten noch einmal zwei von links nach rechts. Die Rechenaufgaben, die diesen Küken damit gestellt wurden, waren also 4–2=2 und 1+2=3. Sie lösten sie mit Bravour: Die Küken liefen wieder zielstrebig zu der Seite, auf der mehr Dosenmütter waren. Solche Rechenaufgaben lernen die meisten Menschenkinder erst im Alter von sechs bis sieben Jahren zu lösen.

Auch wenn die Küken Menschenkindern damit haushoch überlegen sind, gibt es doch eine Gemeinsamkeit mit Menschen in Kulturen mit rechtsläufiger Schrift: Hühnerküken fangen von links an zu zählen. In einem Test wurde ihnen beigebracht, dass Futter immer im vierten Loch einer langen Lochreihe lag, die direkt vor ihnen war. Als dann die Leiste mit den Löchern um 90 Grad gedreht wurde, entschieden sich die Küken, das vierte Loch von links anzusteuern.

Gedächtnisheld

Es gibt noch einen Punkt, bei dem bestimmte Vogelarten Beeindruckendes leisten und wir nicht mithalten können: beim Gedächtnis. Zugvögel habe ein ausgeprägtes Langzeitgedächtnis, das ihnen hilft, vom Winter- ins Brutgebiet und wieder zurückzufinden. Nachtigallen schaffen es, all diese verschiedenen Strophen in ihrem Hirn abzuspeichern und im richtigen Moment fehlerfrei wieder abzurufen.

EICHELHÄHER verstecken in nur einer Saison Tausende Eicheln, von denen sie einen Großteil über den Winter wiederfinden und verspeisen. Sie verfügen also über ein erstaunliches Ortsgedächtnis, zumal sie die Eicheln nach dem Verstecken zusätzlich noch mit

Laub und Moos abdecken. Die Verstecke derjenigen Eicheln, die ein Eichelhäher nicht ausgräbt, hat er nicht zwangsläufig vergessen, wie ihnen das gerne unterstellt wird. Er versteckt sicherheitshalber immer sehr viel mehr Vorräte, als er tatsächlich braucht, denn seine Konkurrenz ist groß: Eichhörnchen und andere Nagetiere, aber auch andere Eichelhäher können ihm zuvorkommen. Sollten seine Vorräte mitten im tiefsten Winter ausgehen oder er sie nicht wiederfinden, könnte das tödlich enden.

Und auch RABENKRÄHEN haben ein erstaunliches räumliches Langzeitgedächtnis. Wenn im Spätsommer die Walnüsse essbar werden, nutzen sie dieses Überangebot auch, um Vorräte anzulegen. Dafür verstecken sie die Walnüsse einzeln im Boden oder in Baumspalten. Wochen oder gar Monate später können sie diese Verstecke zielgenau ansteuern und finden die Walnüsse auf Anhieb wieder. Kein langes Rumsuchen und Rumstochern. Selbst eine geschlossene Schneedecke bringt sie nicht vom Kurs ab.

Beide Arten müssen eine Art Karte ihres Reviers im Kopf haben, mit deren Hilfe sie sich mehrere Hundert Verstecke über lange Zeiträume merken können. Uns Menschen, die wir uns oft noch nicht mal merken können, wo wir den Schlüssel oder das Handy hingelegt haben, mutet diese Gedächtnisleistung fast außerirdisch an. Und erklären können wir sie uns auch noch nicht so richtig. Vermutlich werden im Herbst die Nervenzellen im Hippocampus zum Wachstum angeregt. Aber erstaunlich bleibt diese Leistung auch mit so einer wissenschaftlichen Erklärung.

Geduldsprobe

Auch Geduld und Selbstbeherrschung haben etwas mit kognitiven Fähigkeiten zu tun. Es erfordert Selbstbeherrschung, nicht den Instinkten nachzugeben und ein eventuell in der Zukunft eintretendes Ereignis in die eigenen Handlungen einzuplanen. Bei Menschen ist der Marshmallow-Test berühmt: Dabei wird Kindern eine Süßigkeit gegeben mit der Aussicht, die doppelte Menge zu einem späteren Zeitpunkt zu bekommen, wenn sie sie nicht sofort essen.

Claudia Wascher von der Anglia-Ruskin-Universität in Großbritannien hat mit ihrem Team die Geduld von RABENKRÄHEN und KOLKRABEN erforscht. Dafür brachten sie ihnen zuerst das Tauschen bei, was ja auch schon eine ziemlich krasse Fähigkeit ist. In einem zweiten Schritt gaben sie den Krähen ein eher durchschnittliches Stück Futter (Brot), mit der Aussicht, es später gegen ein besseres (Wurst) eintauschen zu können. Dann warteten sie ab, was passierte. Um die Wurst zu bekommen, mussten die Krähen erst einmal dem Impuls widerstehen, das Brot, das sie bereits hatten, sofort zu essen. Sie mussten ein eventuell eintretendes, zukünftiges Ereignis in ihre Entscheidung miteinbeziehen.

Falls die Vögel grade keine Lust auf den Tausch hatten, entschieden sie das sehr schnell und aßen das Brot innerhalb der ersten zehn Sekunden. Ob der Tausch dann aber wirklich zustande kam, hing auch von der Länge der Wartezeit ab. Länger als 40 Sekunden zu warten, war schon sehr schwierig für die Vögel. Ganz Geduldige schafften es, bis zu fünfeinhalb Minuten auf den Tausch zu warten. Dafür legten sie das Brot beiseite, um es nicht so lange im Schnabel halten zu müssen. Dadurch wurde es für sie leichter, ihren Impuls, es sofort zu essen, kontrollieren zu können. Wenn sie das Brot am Ende der Wartezeit wieder zurückgeben konnten, bekamen sie die Wurst. Bei diesem Test schneiden Rabenvögel vergleichbar gut ab wie Primaten.

Persönlichkeiten

In der vergleichenden Kognitionsforschung werden aber nicht nur die Fähigkeiten von Vögeln mit denen von Säugetieren verglichen, sondern es wird auch erforscht, wie verschiedene Vogelarten auf dieselben Aufgaben reagieren. Bei solchen Tests zeigt sich immer wieder, dass es große Unterschiede zwischen den einzelnen Individuen derselben Art gibt. Manche lernen sehr schnell, andere brauchen länger als ihre Artgenossen, um eine neue Herausforderung zu lösen. Manche sind mutig und schreiten voran, während andere vorsichtiger und zurückhaltender sind. Auch die individuellen Erfahrungen eines Tieres spielen bei wissenschaftlichen Tests eine Rolle und beeinflussen das Ergebnis.

Genau wie bei uns Menschen sind auch Krähen, Hühner, Eichelhäher und Papageien eigenständige Persönlichkeiten mit unterschiedlichen Charaktereigenschaften und deswegen auch unterschiedlich intelligent. Für Claudia Wascher ist es daher besonders spannend, die Fähigkeiten von Vögeln nicht nur artübergreifend zu vergleichen, sondern sich auch mit den individuellen Unterschieden innerhalb einer Art zu befassen.

Für das Überleben einer Gruppe von Tieren ist es von Vorteil, wenn unterschiedliche Persönlichkeiten dabei sind. Wären beispielsweise nur mutige Individuen in einer Gruppe, würde die Gruppe schnell sterben, weil bei der Nahrungssuche niemand aufpasst, ob sich Beutegreifer nähern. Vorsichtige Individuen stärken also eine Gruppe und erhöhen ihre Überlebenschancen. Wären aber nur vorsichtige Individuen in einer Gruppe, würden sie sich an kaum eine Futterquelle heranwagen und wären insgesamt schlechter ernährt. Die Mischung ist also wichtig, auch bei dem, was wir viel zu oft als Intelligenz bezeichnen. Unter gewissen Umständen kann es Vorteile haben, schnell zu lernen. Es kann aber auch Nachteile mit sich bringen. Die Mischung macht's.

Ein Zeichen von Intelligenz ist es, situationsabhängig flexibel reagieren zu können. Aber alle Vögel sind individuell und reagieren unterschiedlich, je nach persönlichen Vorlieben, Charaktereigenschaften, ihren Erwartungen und Erfahrungen – genau wie wir Menschen. Das macht die Forschung und die Bewertung kognitiver Fähigkeiten nach objektiven Standards zusätzlich schwierig, denn ein Anspruch an Wissenschaft ist, dass Forschung unter gleichen Bedingungen wiederholt zu denselben Ergebnissen kommt. Der freundlichen Nebelkrähe aus der Nachbarschaft beizubringen, die Zeitung zu holen, ist daher etwas anderes, als ein wiederholbares Testszenario zu erschaffen, das wissenschaftlichen Standards entspricht.

Auch die individuellen Erfahrungen und persönlichen Deutungen der Forschenden und das Verhältnis zwischen Mensch und Tier spielen mit in die Ergebnisse und deren Bewertung hinein, egal wie sehr die Forschenden das zu verhindern suchen. Echte Objektivität kann es bei „Intelligenztests" also nicht geben. Aber auch wenn wir genauso wenig eine Aussage über die Intelligenz von allen Vögeln oder auch nur über alle Individuen einer Art treffen können wie über alle Säugetiere oder über Menschen allgemein, so ist es doch faszinierend, uns bewusst zu machen, wie fremd Vögel uns in ihrem Denken sind und zu beobachten, welche Herausforderungen sie dadurch auf ihre Art meistern.

Superkraft #15

Sozialverhalten

Es gibt vermutlich einen weiteren Grund, warum Tiere kognitive Fähigkeiten weiterentwickeln mussten: das Leben in Gruppen und die damit einhergehenden komplexen sozialen Beziehungen. Mit anderen Individuen zusammenzuleben, führt unweigerlich zu Spannungen, Allianzen und Herausforderungen. Um diese zu vermeiden oder zumindest durch die komplexen Beziehungen möglichst unbeschadet hindurchnavigieren zu können, braucht es Hirnpower. Wir kennen solche Herausforderungen aus jeglicher sozialen Interaktion, sei es ein Familienfest, das Jahrgangstreffen, die Party in der Nachbarschaft oder die Betriebsweihnachtsfeier. Wir wissen, neben wen wir uns setzen sollten, damit es ein lustiger Abend wird, von wem wir uns besser fernhalten, mit wem wir über was (und über wen) reden dürfen und vor wem wir unbedingt am Buffet sein sollten, weil sonst keine Torte mehr übrig ist.

In solch komplizierten sozialen Systemen bewegen sich auch einige Vogelarten. Sie wissen, wem sie vertrauen können und wem sie lieber aus dem Weg gehen sollten. Sie haben aber auch ein Verständnis der Beziehung anderer, wissen also, welche Allianzen und Verbindungen es gibt, an denen sie nicht selbst beteiligt sind. Es ist für sie wichtig zu wissen, wo das Gegenüber in der Hierarchie steht, um flexibel auf die jeweilige soziale Situation reagieren zu können.

Sozialgefüge

Das bedeutet aber nicht, dass Vögel, die in den größten Schwärmen leben, auch die größten Gehirne haben. Entscheidend ist eher die Qualität ihrer Beziehungen, nicht deren Quantität. Statt in riesigen Schwärmen leben die intelligentesten Vögel in kleineren, eng verbundenen Gruppen mit langanhaltenden Paarbeziehungen. Und das ist eine ziemliche Ausnahme in der Tierwelt: Über 90 Prozent aller Vogelarten weltweit leben in festen Paarbeziehungen, wohingegen nur rund fünf Prozent der Säugetiere das tun.

Heckenbraunellen sind berühmt
für ihr unkonventionelles Sozialleben.
Weibchen haben eigene Reviere
und ziehen dort die Jungen entweder
gemeinsam mit einem Partner, mit
zwei Versorgern oder ganz allein auf.
Die Konstellation ist abhängig von
der Menge des Futters im Revier.

Bei Säugetieren wird der Nachwuchs mit Muttermilch ernährt. Das bekommt ein Weibchen notfalls auch allein hin. Für Vogeleltern von Nesthockern ist die Brutzeit aber sehr anstrengend. Sie müssen irre viel Nahrung für oft ein ganzes Nest voller Küken heranschaffen. Nebenbei müssen sie die Minis auch wärmen und beschützen. Allein ist diese Mammutaufgabe kaum lösbar. Spätestens in der Balz checken Vögel sich gegenseitig als potenzielle Mitversorgende des zu erwartenden Nachwuchses ab. Während der Balz stärken sie ihre Paarbeziehung. Dass sie sich nicht gegenseitig hängen lassen, ist wichtig für das Überleben des Nachwuchses.

Statt in riesigen Schwärmen leben die intelligentesten Vögel in kleineren Gruppen mit langanhaltenden Paarbeziehungen.

Viele Vogelarten führen eine Saisonehe und ziehen den Nachwuchs gemeinsam groß. Auch Paare, bei denen zwei Weibchen oder zwei Männchen gemeinsam Nachwuchs großziehen, kommen immer wieder vor. Bei manchen Arten bleiben Paare auch mehrere Jahre zusammen. Häufig wird für diese Art von exklusiven Beziehungen das Wort „monogam" verwendet. Das weckt aber sehr menschliche Assoziationen von Treue und Moral. Folgerichtig wird dann auch von „Fremdgehen" gesprochen, wenn Vögel außerhalb dieser Paarbeziehung Fortpflanzungsaktivitäten nachgehen. Diese moralischen Ansprüche können wir aber getrost für uns Menschen behalten. Das Beziehungsleben von Vögeln ist oft viel dynamischer, als es für uns von außen den Anschein hat. Deshalb vergessen wir mal lieber diese Romantisierung und bezeichnen die Paarbeziehungen von Vögeln sicherheitshalber als „sozial monogam".

Beziehungsstatus: kompliziert

Das Sozialleben von Vögeln zu beobachten, fällt uns Menschen ganz schön schwer, denn wir haben Probleme, einzelne Individuen zu erkennen und wiederzuerkennen. Für uns sehen meist alle Vögel einer Art ziemlich gleich aus. Wer da jetzt genau mit wem zusammen ist oder zusammen war, das wird für uns schnell unübersichtlich. Erst seitdem Genanalysen möglich sind, bekommen wir ein besseres Bild vom Beziehungsleben vieler Vogelarten. So auch von dem der BLAUMEISE.

Es stellte sich nämlich heraus, dass sich nicht alle Eltern sexuell treu sind und in jedem zweiten Nest Küken aus dem Ei schlüpfen, deren sozialer Vater nicht der leibliche ist.

Dafür fliegt das Weibchen häufig morgens aus dem Nest, wenn ihr Partner noch schläft oder schon mit Singen beschäftigt ist. Sie besucht dann entweder ihren Nachbarn, den sie häufig kennt, weil sie schon im Winter Zeit mit ihm verbracht hat, oder sie sucht weiter entfernte Männchen auf. Dadurch stellt sie sicher, dass sie mit diesem Männchen nicht verwandt ist und er neue Genvarianten zu bieten hat. Auch bevorzugt sie ältere Männchen, weil deren längeres Überleben für gute Gene spricht.

Wenn man bedenkt, dass aus einem Gelege von zehn bis zwölf Eiern im Durchschnitt nur ein bis zwei Junge den nächsten Frühling erleben, ist diese genetische Vielfalt in ihrem Gelege für das Weib-

Die „Ultraviolettmeise“

chen sinnvoll. Insgesamt kommen zwar die meisten Nachkommen von ihrem Brutpartner, sollte er aber genetisch ein Totalausfall sein, hat sie trotzdem die Chance, diese Brutperiode zu nutzen, um ihre eigenen Gene weiterzugeben. Da Blaumeisen in der Regel nur einmal im Jahr brüten und eine geringe Lebenserwartung haben, ist das wichtig für sie.

Blaumeisenmännchen paaren sich nicht nur außerhalb ihrer sozialen Paarbeziehung. Sie haben auch immer mal wieder mehrere soziale Partnerinnen parallel. Das ist für die erste Partnerin ein Risiko, denn es besteht die Gefahr, dass das Männchen dann nicht mehr so engagiert beim Füttern ihrer Brut hilft, wenn er zwei Bruten zu versorgen hat. Sie vertreibt daher andere Weibchen am besten aus ihrem Revier. Da bei Blaumeisen aber die Weibchen allein das Nest bauen, hat sie gegen Ende der Balzzeit nicht immer Zeit, sich auch noch um mögliche Konkurrentinnen zu kümmern.

Ob das Männchen sich bei so einer Dreieckskonstellation um seinen Nachwuchs kümmert, hängt für ihn vom Zeitpunkt des Schlupfes ab. Die Überlebenschancen seines Nachwuchses steigen, je älter die Küken sind. Für ihn hat deshalb meist die erste Brut Priorität, so kann es sein, dass das Weibchen der Zweitbrut die Küken ganz alleine aufziehen muss.

Nesttreue

Die großen, langlebigen Arten wie der WEISSSTORCH galten uns lange als Inbegriff der vogeligen Treue. Schließlich findet das Brutpaar jedes Jahr wieder am Nest zusammen, begrüßt sich hingebungsvoll, um dann wieder gemeinsam zu brüten. Aber auch bei ihnen wissen wir inzwischen, dass ihre Beziehungen von sehr viel Pragmatismus geprägt sind. So ist die Treue zum Nest mit seinen bekannten Nahrungsgründen größer als die Treue zur Partnerin oder zum Partner. Sollte ein fremdes Männchen den Horst übernehmen und das angestammte Männchen vertreiben, bleibt das Weibchen dem Nest treu und akzeptiert den neuen Partner. Sollten sie oder er einmal zu spät aus dem Winterquartier zurückkommen, könnte inzwischen ein anderer Weißstorch den Platz in der Beziehung übernommen haben. Auch wenn die erste gemeinsame Brut eines Paares nicht erfolgreich ist, gehen sie in der Regel getrennte Wege, denn das vorrangige Ziel ist die Weitergabe der eigenen Gene.

Familienclan

Bei einigen Vogelarten wird die Familie hochgehalten. Wenn die Küken flügge werden, bleiben GRAUGÄNSE in der weiblichen Linie zusammen, d.h. die weiblichen Nachkommen bleiben bei der Mutter und den Tanten, während die männlichen Nachkommen weiterziehen. Sie bilden auch mal Kindergärten, bei denen ein Grauganspaar vorübergehend nicht nur die eigenen Jungen im Schlepptau hat, sondern auch noch seine Neffen und Nichten. Auch bei Schwanzmeisen und Bienenfressern helfen Verwandte bei der Aufzucht des Nachwuchses mit und schaffen Futter ran.

Im Schwarm

Manche Vögel mögen aber noch größere Gruppen. Ich erinnere mich noch gut an den allerersten STARENSCHWARM, den ich jemals bewusst wabern gesehen habe. Es war an einem Novemberabend über New

„Der Schwarm kam mir außerirdisch, fast unheimlich vor, wie er dort immer neue fantastische Gebilde an den Himmel zeichnete.“

Wenn nicht grade Brutzeit ist, sind Stare in faszinierenden Schwärmen zu beobachten.

Orleans. Der Schwarm war so riesig, wie ich ihn seitdem nie wieder gesehen zu haben glaube; wahrscheinlich, weil es in Europa solche großen Schwärme nicht mehr gibt. Ich weiß noch, dass ich sehr lange wie hypnotisiert auf einem Gehweg stand und zum Himmel starrte. Der Schwarm kam mir außerirdisch, fast unheimlich vor, wie er dort immer neue fantastische Gebilde an den Himmel zeichnete. Ich konnte mir nicht erklären, welche Vogelart das sein konnte.

Damals wusste ich noch nicht, dass Stare zu den unrühmlichen europäischen Exporten gehören. Im Jahre 1890 wurden die ersten 60 Stare im Central Park in New York freigelassen. Bereits 50 Jahre später wurde der Bestand in Nordamerika auf 50 Millionen Stare geschätzt. Er hat sich dort zum Pestvogel entwickelt und ist nicht sehr beliebt. Bei uns in Deutschland hingegen gilt er inzwischen als gefährdet. Da europäische Siedler ihn u. a. auch in Australien, Neuseeland und Südafrika aussetzten, ist der Star heute der zweithäufigste Vogel weltweit. Er wird nur übertroffen vom Haussperling, der eine ähnliche weltweite Einbürgerungsgeschichte hat, und dessen Population in ganz Europa ebenfalls stark zurückgegangen ist.

Stare sind das ganze Jahr über sehr gesellig. Sie nisten gerne in Kolonien, je mehr, desto besser. Sie halten aber auch gerne eine

Schnabellänge Sicherheitsabstand zueinander. Das kann man schön beobachten, wenn sie ordentlich aufgereiht auf Stromleitungen sitzen.

Sobald die Jungvögel flügge sind, schließen sie sich in Trupps zusammen. Am Ende der Brutsaison kommt dann noch der Rest der Familien dazu und fertig ist der Schwarm. Tagsüber verteilen sie sich in kleineren Trupps auf die Umgebung. Gegen Abend kehren sie zu ihrem gemeinsamen Schlafplatz zurück. Genau wie die Bergfinken auf dem Zug.

So ein Schwarm hat viele Vorteile: Die Vögel geben sich nachts gegenseitig Wärme. Sie tauschen Informationen aus und profitieren bei der Nahrungssuche von mehr Augenpaaren. Und auch bei der Feindabwehr ist ein Schwarm super.

Zwar ist so ein großer, lauter Schwarm natürlich für potenzielle Feinde sehr auffällig und attraktiv, aber die pure Masse des Schwarms gibt den einzelnen Vögeln auch Sicherheit. Würden die Stare abends einzeln zu ihren Schlafplätzen einfliegen, wären sie leichte Beute. Da sie sich aber erst in der Nähe sammeln und sich dann gemeinsam nähern, ist es für die wartenden Greifvögel schwierig, ein einzelnes Individuum zu verfolgen.

Besonders bevor sie sich abends an ihren Schlafplätzen niederlassen, vollführen Stare ihre faszinierenden Tänze am Himmel. Diese wirken wie einstudierte Choreographien, aber der Schwarm wird

Jeder Vogel im Schwarm trifft eigene Entscheidungen. Er scheint dabei drei Regeln zu folgen:

→ **1. Achte auf die sieben Vögel direkt um dich herum und mach das, was sie machen, und zwar blitzschnell.**
→ **2. Halte eine Flügellänge Abstand, um Zusammenstöße zu vermeiden.**
→ **3. Lass den Abstand nicht zu groß werden, sonst geht der Schutz des Schwarms verloren.**

weder von einem Vogel angeführt, noch folgt der Formationsflug einem bestimmten Muster, sondern der Schwarm ist selbstorganisiert.

Jeder Vogel trifft eigene Entscheidungen, die bestimmten Regeln zu folgen scheinen und die die Schwarmdynamik steuern. Dadurch verbreiten sich Bewegungen in rasender Geschwindigkeit als Wellen im Schwarm. Da oft mehrere Vögel gleichzeitig Richtungsänderungen vornehmen, entsteht das typische Wabern.

Der sicherste Ort in einem Schwarm ist im Zentrum. Dort sind die dominanten und stärksten Vögel. Die Bewegungen eines Schwarms entstehen auch dadurch, dass die Vögel am Rand zum sicheren Kern streben. Aber sie werden auch häufig durch Greifvögel ausgelöst, die den Schwarm angreifen. Der Star, der dem Angreifer am nächsten ist, weicht ihm aus, die anderen folgen. Statt auszuweichen nehmen sie den Angreifer auch manchmal in die Mangel, indem sie sich so sehr nähern, dass er flugunfähig wird und nach unten aus dem Schwarm fällt. Cool, wa?

Allianzen

Die meisten als intelligent bezeichneten Tierarten haben eine lange Kindheit und komplexe Sozialbeziehungen. So auch die **KOLKRABEN**. Sie kümmern sich lange um ihren Nachwuchs und erziehen ihn regelrecht.

Kolkraben leben entweder in einer monogamen Zweierbeziehung und verteidigen ein Revier oder in einer Gruppe aus nichtbrütenden Individuen. In dieser großen Nichtbrütergruppe verbringen sie die Nächte gemeinsam auf Schlafbäumen. Tagsüber sind sie in kleineren Gruppen in unterschiedlichen Konstellationen unterwegs, um Nahrung zu suchen. Innerhalb dieser Gruppe gibt es sowohl nicht brütende Paare, die sich bereits zusammengefunden haben, aber noch kein eigenes Revier verteidigen, als auch enge Allianzen von zwei Männchen, seltener von zwei Weibchen. Darüber hinaus pflegen die einzelnen Raben besonders enge Beziehungen zu einer Handvoll Individuen, die man als Freundschaften bezeichnen kann. Sie pflegen diese Freundschaften durch gegenseitige Gefiederpflege, stehen einander in Streitigkeiten bei und teilen ihr Futter. Sowohl bei ihren Partnerschaften als auch bei ihren Freundschaften sind Kolkraben an langfristigen Beziehungen interessiert, auch wenn diese mal zerbrechen können.

Innerhalb der großen Gruppen gibt es eine strikte Rangordnung. Diese richtet sich aber nicht nach tatsächlicher körperlicher Stärke oder dem Alter, sondern ist eher politisch und abhängig von den Partnerschaften, Verwandtschaften und Freundschaften, die ein Individuum hat. Interessanterweise ist es häufig so, dass die Partner, die eng zusammenarbeiten und einen hohen Rang haben, unterschiedliche Charaktere und andere soziale Strategien haben. Sie ergänzen sich also gut.

Bei der Futtersuche ruft ein Kolkrabe seinen Partner und dadurch auch andere Gruppenmitglieder herbei, wenn sie gemeinsam besser Chancen haben, an das erspähte Futter zu kommen. Sie arbeiten dann auch im Team und vertreiben gemeinsam andere Beutegreifer oder auch das Revierpaar von der Nahrungsquelle. Das wirkt erstmal sehr sozial und kooperativ auf uns. Sobald sie dann aber am Futter dran sind, ist sich jedes Individuum selbst das nächste. Zwar kooperieren sie noch mit ihrem engsten Buddy und halten sich gegenseitig den Rücken frei. Die anderen sind aber zur Konkurrenz um das Futter geworden.

Kurzzeitverstecker vs. Langzeitverstecker

Wenn an der Futterstelle genug Nahrung vorhanden ist, bringen Kolkraben davon schnell etwas in Sicherheit und verstecken es für später. Dabei müssen sie aber aufpassen, dass sie nicht beobachtet werden. Die Verstecke von anderen zu plündern ist eine gute Möglichkeit, selbst an Futter zu kommen, ohne sich darum streiten zu müssen. Dabei müssen die Beobachter auch gut bluffen können: Sie verhalten sich unauffällig und geben sich desinteressiert. Aber auch der Verstecker ist misstrauisch und wägt ab, ob er es unter diesen

Kolkraben leben in komplexen sozialen Gruppen.

Umständen wagen kann, seine Beute hier zu verstecken. Aber je länger er zögert, desto weniger bekommt er vom großen Kuchen ab. Auf beiden Seiten ist also Taktieren und vorausschauendes Denken wichtig.

Im Gegensatz zu Eichelhähern sind Kolkraben eher Kurzzeitverstecker. Sie verstecken meist verderbliche Nahrung wie Fleisch oder Obst. Dabei haben sie die Haltbarkeit dieses Futters ebenfalls im Blick bzw. im Kopf. Sie kehren früher zu Verstecken mit schnell verderblichem Futter zurück. Ist es hingegen schon nicht mehr genießbar, wenn sie das nächste Mal die Gelegenheit zur Rückkehr haben, ignorieren sie ihre versteckte Beute und suchen sie nicht mehr auf.

Kolkraben können also ihr Verhalten geschickt an die jeweilige Situation anpassen. Das geht so weit, dass sie nicht nur die grundsätzliche Rangordnung in ihrer Gruppe und ihren eigenen Platz darin kennen, sondern auch wissen, wer mit wem gut kann. Dieses Wissen berücksichtigen sie zum Beispiel beim Streit um Futter. Sie checken ab, welche anderen Raben in der Nähe sind, bevor sie einem anderen Kolkraben das Futter streitig machen. Auch ihre Reaktion auf so einen Affront hängt davon ab, ob sie selbst Verstärkung in der Nähe haben oder die Verbündeten des Angreifers in der Überzahl sind. Superclever, diese Kolkraben!

Gut gegen
Böse

Nach all den Geschichten über die coolen Superkräfte der Vögel sollte kein Zweifel mehr bestehen, dass Vögel Superhelden sind. Und jede gute Held:innengeschichte braucht eine Antagonistin, einen Feind, einen bösen Gegenspieler. Und auch da hat das Vogelreich etwas zu bieten.

Kleinkriminelle

Als böser Vogel kommt vielen zuallererst die ELSTER in den Sinn. Schließlich soll sie diebisch sein, von Glitzerndem magisch angezogen werden und hinterlistigerweise süße kleine Küken rauben. Überall breit macht sie sich angeblich auch und dann lacht die auch noch so laut und heimtückisch.

Haltbar sind diese Anschuldigungen bei näherem Hinsehen alle nicht. Elstern haben keine Fixierung auf Glitzerndes. Sie sind allgemein interessiert und neugierig, aber auch misstrauisch und vorsichtig.

Es stimmt, dass Elstern auch mal Eier und Küken aus fremden Nestern fressen, aber das ist nicht elsternspezifisch. Andere Vögel und natürlich Säugetiere tun das ebenfalls. Elstern sind durch ihre Größe und Lautstärke für uns sehr sichtbar und nicht so heimlich, wie beispielsweise eine Kohlmeise oder ein Eichhörnchen. Deshalb erwischen bzw. beobachten wir sie bei diesen Beutezügen viel häufiger. Küken und Eier machen aber zur Brutzeit nur drei Prozent ihrer Nahrung aus. Das ist guter Vogeldurchschnitt.

Ein Nest, das sogar wir Menschen finden, kann nicht besonders gut versteckt gewesen sein.

Auch Elstern leben in sozialen Gruppen, die ihre kognitiven Fähigkeiten trainieren.

Es ist natürlich nicht schön für uns Menschen zu beobachten, wie eine Elster ein süßes kleines Küken ausgerechnet aus dem Nest klaut, das wir selbst doch so interessiert beobachten. Aber genau mit diesem Beobachten könnten wir die Elstern oder andere Fressfeinde erst aufmerksam gemacht haben auf dieses Nest.

Elstern töten nicht aus Bosheit, Niedertracht oder Langeweile, sondern um selbst zu überleben. Auch sie sind Konkurrenzdruck und Gefahren ausgesetzt. Ich konnte einmal selbst beobachten, wie sich eine Rabenkrähe in unserem Garten einem Elsternnest näherte und vom lauten Protest und den Scheinangriffen des Elsternpaares vertrieben wurde – nur um sich dann später doch noch ein Ei schnappen zu können.

In den Städten ist die Häufigkeit anderer Singvögel stärker gestiegen als die der Elstern.

Damit möchte ich nicht sagen, dass Rabenkrähen die eigentlich Bösen sind. Im Gegenteil. Ich möchte darauf hinweisen, dass in der Natur nicht dieselben moralischen Regeln gelten, wie noch in weiten Teilen unserer von Supermärkten durchzogenen menschlichen Gesellschaft, in der wir die Aufzucht und das Töten unserer tierischen Nahrung anderen überlassen und hinter fensterlosen Mauern verstecken.

Die Verluste durch Elstern und andere natürlich vorkommende „Nesträuber" sind nicht bestandsgefährdend. Besonders bei den kleineren Singvögeln sind sie von Natur aus mit einkalkuliert. Blaumeisen legen bis zu 17 Eier, eben weil nicht alle Küken überleben werden. Die Verluste durch satte Stubentiger mit Jagdinstinkt hingegen sind nicht mit einkalkuliert.

Auch nehmen die Elsterbestände nicht stetig zu, ganz im Gegenteil. Wie viele Vogelarten finden Elstern in ihrem eigentlichen Lebensraum auf den Feldern durch die Verarmung der Agrarlandschaft immer weniger Nahrung. Auf dem Land sind sie außerdem bedroht durch die menschliche Jagd. So konzentriert sich die Elster-Population inzwischen auf menschliche Siedlungen – und dort bemerken wir sie leichter als eine Heckenbraunelle oder ein Wintergoldhähnchen. Außerhalb von Städten nimmt die Anzahl der Elstern jedoch immer weiter ab.

Killerküken

Okay, Elstern sind also nicht die Fieslinge des Vogelreichs. Aber KUCKUCKE sind ja wohl eindeutig schon von Geburt an böse, oder? Das Kuckucksweibchen legt ja ein Ei in ein fremdes Nest und überlässt den Nachwuchs seinem Schicksal. Sobald sich die Kuckucksküken von ihrem eigenen anstrengenden Schlupf erholt haben (der durchschnittlich sieben Stunden dauert, weil die Schale von Kuckuckseiern viel dicker ist als die anderer Vögel), fangen diese winzigen, noch blinden Küken an, die Eier ihrer Pflegegeschwister aus dem Nest zu werfen. Auch vor bereits geschlüpften Küken machen sie nicht halt. Sie können sogar Küken aus dem Nest werfen, die schwerer sind als sie selbst.

Das schaffen sie, weil ihre Flügelspitzen und der Nacken durch besonders viele Nervenzellen sehr empfindsam sind und sie ihre noch fehlende Sehkraft dadurch wettmachen können. Außerdem trainieren sie quasi schon im Ei, indem sie sich wesentlich stärker bewegen als andere Küken. Das Kuckucksküken könnte also auch locker eine ganz eigene Kategorie mit dem Titel „besonders supere Superkräfte" bekommen, denn was diese Minis direkt nach ihrem Schlupf körperlich leisten, ist bewundernswert – wenn man kurz die Tatsache außer Acht lässt, dass dabei alle anderen Küken im Nest sterben müssen.

Aber auch diese Superkraft hat einen Preis: Die Kuckucksküken verbrauchen in der Zeit der Nesträumung extrem viel Energie. Ihre Wachstumsrate ist in dieser Zeit um 20 Prozent reduziert. Sie arbeiten besessen wie in einem Tunnel und nehmen keine Nahrung an.

Superkraft Betteln: Das Kuckucksküken wirkt auf die Zieheltern so attraktiv, dass sie ihm mehr Futter bringen als Küken ihrer eigenen Art.

Ihr ganzer kleiner Körper zittert bei den körperlichen Anstrengungen, die sie vollbringen. Sie gefährden dabei sogar ihr eigenes Leben: Auch die Kuckucksküken selbst können bei dieser Räumungsaktion über den Rand des Nests fallen und sterben.

Ihr angeborener Zwang, das Nest zu räumen, verschwindet sieben Tage nach dem Schlüpfen schlagartig. Die Kuckucksküken hören einfach auf. Was dann noch nicht aus dem Nest geworfen wurde, bleibt.

Sie haben aber noch eine andere Superkraft: Sie betteln ganz besonders schön. Obwohl uns so ein Kuckucksküken ja eher hässlich vorkommt, scheint es für die Vogeleltern sehr attraktiv zu sein. Sie bringen ihm mehr Futter als gleichgroßen Küken ihrer eigenen Art. Der Reiz des kleinen Kuckucks wirkt aber nicht nur auf die Zwangseltern. Auch andere vorbeifliegende Vogeleltern wurden bereits dabei beobachtet, wie sie die Insekten, die sie für ihren eigenen Nachwuchs in ihrem Nest gesammelt hatten, dem Kuckuckskind in den Schnabel steckten.

Von dieser Superkraft profitieren auch eventuelle Zwangsgeschwister, wenn sie noch mit im Nest sitzen. Aber was soll das denn dann mit diesem Räumungstrieb? Ist das nicht der Beweis dafür, dass der Kuckuck nicht so radikal vorgehen müsste, weil genug für alle abfällt? Könnte man meinen. Das stimmt jedoch nicht. Die Überlebenschancen eines jungen Kuckucks schwinden, wenn er nicht alle seine Konkurrenten aus dem Weg räumt.

Der kleine Kuckuck könnte sich bei seinen Nestgeschwistern mit Parasiten infizieren, gegen die er selbst keine Abwehrkräfte hat. Auch werden seine Geschwister in der Regel früher flügge als der kleine Kuckuck. Die flüggen Jungen werden dann außerhalb des Nests von ihren Eltern weiterversorgt. Der zurückgelassene Kuckuck sitzt dann allein im Nest und verhungert. Auch hat sich gezeigt, dass dem Kuckucksmini seine Bettel-Superkraft wenig nützt, wenn er mit Geschwistern das Nest teilen muss. Dann bekommt er nämlich trotz allem weniger Futter ab. Nur die Hälfte der jungen Kuckucke über-

Nilgänse haben einen schlechten Ruf. Einen schädlichen Einfluss auf andere Arten oder ganze Ökosysteme haben sie jedoch nicht. Ob Nilgänse beliebter wären, wenn ihr Name sie nicht als Neubürgerinnen ausweisen würde?

leben in so einem Fall bis zum Flüggewerden und selbst diese sind dann in der Regel untergewichtig. Und Untergewicht ist eine sehr schlechte Startbedingung für alle jungen Vögel und erhöht die eigene Sterblichkeit.

Wie so vieles in der Natur ist auch das Verhalten des Kuckucks eine Strategie, die das eigene Leben und damit indirekt das Überleben der eigenen Art sicherstellen soll. Und es ist keineswegs so, dass die Wirtseltern den Kuckucken schutzlos ausgeliefert sind.

Die perfekte Anpassung der Kuckuckseier an die Wirtseltern und ihre Tarnversuche sind Reaktionen auf Abwehrmechanismen der Wirtseltern. Eine Mustererkennungssoftware half bei der Entdeckung, dass manche Vogelweibchen ein persönliches Muster für ihre Eier entwickelt haben, wie eine Signatur. Diese Signatur hilft ihnen, Kuckuckseier schnell entdecken zu können, um sie aus dem Nest zu werfen. Bei anderen Arten unterscheiden sich die Eier von Weibchen zu Weibchen so stark, dass es der Kuckuck mit seiner Anpassung an eine Art besonders schwer hat. Es ist also eine Art Wettrüsten auf beiden Seiten.

Aber all seine schönen Tricks helfen dem Kuckuck zurzeit nicht. Seine Zahlen sind im Sinkflug. Ein Grund dafür ist, dass er den Folgen des Klimawandels bisher nichts entgegenzusetzen hat. Durch die Erderwärmung kehren die Kurz- und Mittelstreckenzieher unter seinen Wirtsvögeln immer früher ins Brutgebiet zurück und auch die Standvögel beginnen früher mit der Brut. Da die Rückkehr des Kuckucks aus seinen afrikanischen Wintergebieten jenseits des Äquators aber nicht von der Temperatur, sondern vom Sonnenstand ausgelöst wird, kehrt er immer häufiger zu spät zurück. Da er nicht von den Erfahrungen seiner Eltern lernen oder seine eigenen Erfahrungen an den Nachwuchs oder andere Kuckucke weitergeben kann, ist das ein echtes Problem.

Der Kuckuck ist ganz häufig einfach zu spät dran …

Vogelmord

Die wahren Schurken, Bösewichte und Vogelmörderinnen in dieser Geschichte sind natürlich wir Menschen. Wir sind dafür verantwortlich, dass die Bestände der Vögel in den letzten Jahren massiv geschrumpft sind und weiter sinken. Wir haben in den letzten Jahrzehnten einen regelrechten Vernichtungsfeldzug gegen Vögel geführt: Wir haben ihre Lebensräume zerstört, ihre Nahrungsgrundlagen vernichtet und auch die Vögel selbst getötet. Wir Menschen sind die größte Bedrohung für sie.

Früher war es ganz üblich, die Tierwelt in „gute Tiere, böse Tiere" einzuteilen. Dieses veraltete Weltbild ist noch immer sehr verbreitet. Zu gerne betrachten wir alles schwarz-weiß, denn das ist ja so schön bequem. Wir sehen den Menschen wahlweise in Konkurrenz mit der Natur und im ständigen Kampf gegen sie oder als ihr legitimer Beherrscher. Die wirklichen Zusammenhänge sind jedoch viel komplexer. Erst langsam setzt sich ein Verständnis dafür durch, dass alles mit allem zusammenhängt. Wenn wir Insektizide spritzen, um unsere hochgezüchteten Ernten vor Insekten zu schützen, vergiften sich am Ende die Greifvögel und die Feldvögel verhungern.

Auch das gezielte Töten von Vögeln unter dem Deckmäntelchen der Jagd ist noch immer weit verbreitet und erlebt zu Zugzeiten seinen Höhepunkt. Unzählige Gänse, Enten, Rabenvögel und Tauben werden dann getötet, aber auch die Singvogeljagd ist bei manchen Menschen eine beliebte Freizeitbeschäftigung.

Wozu so etwas führen kann, haben wir in der Vergangenheit mehrfach bewiesen. Auch der WALDRAPP war bereits einmal aus Europa verschwunden, weil Menschen etwas „übereifrig" dabei waren, ihm nachzustellen und ihn zu töten. Und auch jetzt wieder wird ihm durch Jäger das Überleben schwer gemacht: Illegaler Abschuss ist für 30 Prozent aller Waldrapp-Verluste in Italien verantwortlich. Johannes Fritz vom Waldrappteam geht allerdings davon aus, dass nicht gezielt Jagd auf Waldrappe gemacht wird, sondern die Vögel „nur so nebenbei" geschossen werden. Das zeigt das große Problem der Jagd, denn wenn das bei Waldrappen passiert, gilt das wohl auch für andere geschützte und bedrohte Arten.

Wir müssen bei diesem Thema aber natürlich gar nicht so weit nach Süden schauen: Bei uns werden auch REBHÜHNER, deren Bestand seit den 1970er Jahren um über 90 Prozent eingebrochen ist, immer wieder legal getötet und ihre Bestände durch die Jagd weiter dezimiert.

Auch die illegale Jagd ist nichts, was nur irgendwo in fernen Ländern bei „den anderen" stattfindet. Grade in Deutschland sind der Singvogelfang für den boomenden Handel mit bedrohten Tierarten und vor allem die gezielte Greifvogelverfolgung weit verbreitet. Ganz oben auf der Liste der Wilderer stehen HABICHTE und MÄUSEBUSSARDE. Aber auch andere Greifvögel werden hier bei uns regelmäßig illegal getötet. Sie werden gezielt abgeschossen, in Fangkörben gefangen, direkt in Fallen getötet oder vergiftet. Die Vogelschützer:innen vom Komitee gegen den Vogelmord gehen davon aus, dass in Deutschland allein durch vergiftete Köder mindestens so viele ROTMILANE sterben wie durch Windräder. Die Verluste durch diesen irrationalen, tief verankerten Hass auf Beutegreifer sind damit nicht mal nur eben ein paar Einzelfälle, sondern bestandsrelevant.

Lebensraumszerstörung

Es erfordert nicht immer nur böswillige Absicht, um Vögeln das Leben schwer zu machen. Manches passiert auch einfach so nebenbei. Durch unsere heutige Form der Landwirtschaft werden die Lebensräume vieler Vogelarten zerstört und ihre Nahrungsgrundlage vernichtet. Besonders bei den Bodenbrütern des Offenlandes sind die

Ein seltener Anblick: Rebhühnern fehlt Schutz und Nahrung.

Bestandsrückgänge erschreckend. Neben dem REBHUHN trifft das u.a. auch den KIEBITZ, der früher mal ein Allerweltsvogel war und längst zur Rarität geworden ist, das BRAUNKEHLCHEN oder die FELDLERCHE.

Auch indirekt sind Vögel von der industriellen Landwirtschaft betroffen. Die EIDERENTEN in der Ostsee bekommen wie so viele andere Tiere dort ihre Folgen zu spüren. Durch die Überdüngung der Felder gelangen über die Flüsse mehr Nährstoffe in die Meere. Für die Ostsee ist das besonders schlimm, weil sie durch ihre Lage wenig Wasseraustausch hat. Durch die Nährstoffe wird das Algenwachstum gefördert. Diese entziehen dann dem Wasser Sauerstoff und bestimmte Algenarten überwuchern die Nahrung der Eiderenten.

Zerbrechlich

Aber wir Menschen können auch anders als nur zerstören und töten. Weltweit setzen sich Menschen für den Erhalt von Brutgebieten und Lebensräumen ein. Als Flaggschiff des Vogelschutzes galt lange der KRANICH. In den 1980er Jahren gab es in West- und Ostdeutschland zusammen weniger als 1.000 Brutpaare, wobei maximal 20

In aufgeräumten Industrie-
steppen bleibt kein Platz
mehr für Vögel und andere
Lebewesen.

davon in Westdeutschland brüteten. Sie hatten schon lange besonders durch die Trockenlegung der Moore gelitten. Seit ihrem Bestandstiefpunkt wurde ihnen durch gezielte Renaturierung wieder Lebensraum zur Verfügung gestellt und wichtige Rastgebiete auf ihrer Zugstrecke nach Spanien wurden konsequent geschützt. Dadurch haben sich die Bestände Jahr für Jahr erholt.

Gerne würde ich hier enden und die wiedererstarkte Kranichpopulation in Europa als Musterbeispiel des Vogelschutzes so stehen lassen, aber inzwischen zeigt sich, dass die bisherigen Maßnahmen nicht mehr ausreichen. Auch die Kraniche leiden unter der Veränderung unseres Klimas. Seit einigen Jahren haben sie bei uns nur noch sehr wenig Nachwuchs. Für eine erfolgreiche Brut brauchen sie im Idealfall Wasser um das Nest, das die Eier und Küken vor Fressfeinden schützt. Das war in den letzten trockenen Jahren ein Problem. Auch späte Kälteeinbrüche machen den Küken zu schaffen. Noch sind die Zahlen stabil, weil Kraniche langlebige Vögel sind, aber ihre Population altert und der Nachwuchs fehlt. Und so sind alle unsere Erfolge im Vogelschutz zerbrechlich.

Gesamteuropäische Schutzmaßnahmen haben solche Kranichfotos wieder möglich gemacht.

Profiteur

Es gibt aber auch Arten, die, anders als der Kranich, vom Klimawandel profitieren: TEICHROHRSÄNGER beispielsweise scheinen sich gut an die steigenden Temperaturen anpassen zu können. Sie fangen früher an zu brüten und haben durch die steigenden Durchschnittstemperaturen eine längere Brutzeit zur Verfügung. Sie brüten zwar im Normalfall nur einmal pro Saison, wenn sie aber eine Brut verlieren, starten sie noch einmal – und für diese Zweitbrut steigen die Überlebenschancen. Höhere Temperaturen bedeuten aber auch, dass die Teichrohrsänger insgesamt weniger Bruten verlieren als bei kälterem Wetter.

Superkraft #16

Resilienz

Viele Vogelarten scheinen also noch eine zusätzliche Superkraft zu haben: Resilienz – oder besser gesagt: die Fähigkeit, sich anzupassen und von schwierigen Lebensereignissen zu erholen. Wenn wir ihnen wirklich eine Chance geben, können sich viele Arten an veränderte Umweltbedingungen anpassen und ihre Bestände können sich wieder erholen. Das zeigen die Beispiele von Kolkraben, Graugänsen und Kormoranen. Ihre Bestände wurden durch jahrzehntelange Verfolgung an den Rand der Ausrottung gebracht. Als die systematische Verfolgung endete, kehrten die Vögel zurück und besiedelten ihre ursprünglichen Lebensräume wieder.

Da wir ihnen das Leben auf dem Land so schwer machen, kommen Vögel, deren Ansprüche es zulassen, verstärkt in unsere Städte. Was auf den ersten Blick abwegig erscheint, ist auf den zweiten Blick ganz logisch, denn Städte bieten viele verschiedene Lebensräume und sind zu Oasen in der Agrarwüste geworden. Je größer die Stadt ist, desto größer ist auch die Vogelartenvielfalt. Metropolen wie Berlin oder Hamburg haben eine weitaus größere Artendichte als ein Naturschutzgebiet derselben Größe. Insgesamt kommen zwei Drittel aller in Deutschland brütenden Vogelarten auch in Städten vor. Für das andere Drittel sind aber Schutzräume außerhalb der Städte besonders wichtig, bis wir es endlich schaffen, ihnen ihre eigentlichen Lebensräume zurückzugeben.

Hoffnung

Dass wir Menschen die Bösen in dieser Geschichte sind, ist eigentlich eine gute Nachricht. Wir sind für den Rückgang der Vögel verantwortlich, deshalb liegt auch bei uns die Lösung des Problems. Und wir Menschen sind lernfähig.

Wenn wir erstmal die Seiten gewechselt haben und auf der Seite der Vögel stehen, können wir viel bewegen. Und wir haben starke Verbündete: Ich glaube fest daran, dass die Magie der Vögel Wirkung zeigt, wenn wir einmal gelernt haben, diese Tiere zu sehen. Dann werden sie uns mit all ihren faszinierenden Superkräften dazu bringen, sie nicht weiter zu verfolgen.

Eine unserer menschlichen Superkräfte ist die Kommunikation. Mitarbeitende von Vogelschutzprojekten haben mir immer wieder erzählt, dass sich Tore öffnen können, wenn wir miteinander reden. Jeder einzelne Mensch ist viel netter und mitfühlender, als wir das von der Allgemeinheit glauben. Auch ich kenne fast nur Menschen, die nicht absichtlich zerstören, sondern die helfen und schützen wollen, spätestens nachdem sie verstanden haben, was schiefläuft. Auch wenn wir uns oft ohnmächtig fühlen: Wir sind viele.

Natur ist im stetigen Wandel. Das ist unsere Chance. Wir Menschen entscheiden selbst, auf welcher Seite wir beim Kampf „Gut gegen Böse“ stehen wollen. Es wird aber nicht reichen, nur die Vögel selbst zu schützen. Wir müssen auch ihre Lebensräume und ihre Nahrungsgrundlagen erhalten und wiederherstellen. Alles hängt mit allem zusammen. Leicht wird das nicht, denn wir haben ganz schön lange getrödelt, aber es lohnt sich, denn ganz nebenbei schützen wir damit auch uns. Wäre das nicht superclever?

Register

Empfehlenswerte Bücher

ACKERMAN, Jennifer: *Die Genies der Lüfte. Die erstaunlichen Talente der Vögel.* Rowohlt 2017

BAIRLEIN, Franz: *Das große Buch vom Vogelzug: Eine umfassende Gesamtdarstellung.* Aula 2022

BUGNYAR, Thomas: *Raben. Das Geheimnis ihrer erstaunlichen Intelligenz und sozialen Fähigkeiten.* Brandstätter 2022

HUME, Rob/STILL, Robert/SWASH, Andy: *Die Vögel Europas. Sämtliche Kleider, Unterarten, alle Bestimmungsaspekte, Mauser, Status, Verbreitung, Lebensraum.* KOSMOS 2023

MISCHITZ, Veró: *Birding für Ahnungslose. Wie du Vögel in dein Leben lässt.* KOSMOS 2019

NELSON, Angelika/MERKER, Holly: *Die Kraft der Vogelbeobachtung. 63 Anleitungen zu kleinen Auszeiten im Alltag.* Freya 2023

PRUM, Richard O.: *Die Evolution der Schönheit. Darwins vergessene Theorie zur Partnerwahl.* Matthes & Seitz Berlin 2022

ROMBERG, Johanna: *Federnlesen. Vom Glück, Vögel zu beobachten.* Bastei Lübbe 2018

SAUER, Bettina/BECKER, Peter H.: *Seeschwalbensommer.* KOSMOS 2021

SCHMID, Ulrich: *Naturzeit Vögel. Zwischen Himmel und Erde.* KOSMOS 2018

SCHNEIDER, Karin: *Tauben. Ein Portrait.* Matthes & Seitz Berlin 2021

STRAUSS, Daniela: *Gartenvögel und ihr geheimes Leben vor unserer Tür.* KOSMOS 2022

SVENSSON, Lars/MULLARNEY, Killian/ZETTERSTRÖM, Dan: *Der Kosmos-Vogelführer. Alle Arten Europas, Nordafrikas und Vorderasiens.* KOSMOS 2023

TAYLOR, Marianne: *Unter Vögeln. Zusammenleben in Familie, Schwarm und Kolonie.* KOSMOS 2023

Impressum

Mit 56 Illustrationen von **Véro Mischitz**.

Mit 56 Farbfotos: 1 von **Henk Bogaard/iStock** (S. 169), 1 von **Carsten Gaertner/Wolfgang Buchhorn/Frank Hecker** (S. 178), 6 von **Frank Hecker** (S. 47, 54, 57, 79, 100, 164), 1 von **Peter Ibe** (S. 127), 1 von **JAH/iStock** (S. 120), 1 von **Jolanchapin/Pixabay** (S. 185), 1 von **Kresopix/iStock** (S. 151 o.), 1 von **gabriele_laesser/Pixabay** (S. 96 u.), 1 von **rlang/Adobe Stock** (S. 86), 1 von **lubos_houska/Pixabay** (S. 80), 1 von **mendocino53/Pixabay** (S. 68), 1 von **musat/iStock** (S. 96 o.), 1 von **Nataba/iStock** (S. 43), 21 von **Kai Pätzke** (S. 8, 14, 27, 26, 40, 44, 49, 60, 90, 94, 110, 123, 132, 135, 140, 145, 146, 147, 166, 176, 180), 1 von **Torsten Pröhl/fokus-natur.de** (S. 173), 5 von **Mathias Schäf** (S. 31, 50, 151 u., 153, 184), 1 von **SailingAway/Adobe Stock** (S. 153), 1 von **Svklimkin/Pixabay** (S. 156), 1 von **TheOtherKev/Pixabay** (S. 21), 1 von **Vassily Vishnevskiy/iStock** (s. 142), 1 von **Andyworks/iStock** (S. 130), 1 von **wasi1370/Pixabay** (S. 186), 2 von **Helena Wehner**, Waldrappteam Conservation & Research (S. 113, 133), 1 von **yakubovich_dimitry/Adobe Stock** (S. 75), 1 von **Zoolog. Sammlung der Uni Rostock, CC BY-SA 3.0** (S. 106) und 1 von 浩 **保井/Adobe Stock** (S. 25).

Umschlaggestaltung von **Gramisci Editorial Design (Sandra Gramisci)**, München, unter Verwendung eines Fotos von **Markus Varesvuo/birdphoto.fi** (Elster), zweier Fotos (Silke Hartmann auf Vorder- und Rückseite) von **Fabian Brümmer, in one media**, und eines Fotos (Klappe) von **Kai Pätzke**. Alle Illustrationen von **Véro Mischitz.**

Der Inhalt dieses Buches ist sorgfältig recherchiert und erarbeitet worden. Dennoch können weder Autorin noch Verlag für alle Angaben im Buch eine Haftung übernehmen.

Unser gesamtes Programm finden Sie unter **kosmos.de**
Über Neuigkeiten informieren Sie regelmäßig unsere Newsletter, einfach anmelden unter **kosmos.de/newsletter**

Gedruckt auf chlorfrei gebleichtem Papier

Pfizerstraße 5–7, 70184 Stuttgart
kosmos.de/servicecenter

ISBN: 978-3-440-17670-2
Redaktion: Stefanie Tommes
Satz: Text & Bild | Michael Grätzbach, Kernen im Remstal
Produktion: Markus Schärtlein
Gestaltungskonzept: Gramisci Editorial Design, Sandra Gramisci, München
Printed in Germany / Imprimé en Allemagne
Druck und Bindung: Friedrich Pustet GmbH & Co. KG, Regensburg